FORSCHUNGSBERICHTE DES LANDES NORDRHEIN-WESTFALEN

Nr. 1932

Herausgegeben im Auftrage des Ministerpräsidenten Heinz Kühn
von Staatssekretär Professor Dr. h. c. Dr. E. h. Leo Brandt

DK 634.95

Dr. rer. nat. Ernst Burrichter

Oberforstmeister Wolfram Schoenwald

Botanisches Institut der Universität Münster
und Freiherr von Fürstenberg'sches Forstamt Herdringen

Forstliche Anbauversuche mit der Metasequoia glyptostroboides im Raum Westfalen

WESTDEUTSCHER VERLAG · KÖLN UND OPLADEN 1968

ISBN 978-3-663-06315-5 ISBN 978-3-663-07228-7 (eBook)
DOI 10.1007/978-3-663-07228-7

Verlags-Nr. 011932

Gesamtherstellung: Westdeutscher Verlag

Herrn Prof. Dr. Dr. h. c. Siegfried Strugger,
dem Initiator und Förderer dieser Arbeit
zum ehrenden Gedenken

Prof. Dr. Dr. h. c. *Siegfried Strugger*, † 11. 12. 1961

Inhalt

Einleitung

Die Koniferen sind eine stammesgeschichtlich recht alte Pflanzengruppe, deren Anfänge bis in das Karbon zurückreichen. So ist es verständlich, daß viele ihrer Gattungen heute vereinsamt dastehen und sich auf wenige Arten beschränken. Das gilt insbesondere für die alte Familie der *Taxodiaceae*. Sie umfaßt nur noch Gattungen von geringer Artenzahl und von beschränktem Areal. Zur Zeit der Kreide und des Tertiärs war sie dagegen erheblich artenreicher und ein großer Teil ihrer Gattungen hatte eine nordhemisphärische bis weltweite Verbreitung.

Zu den *Taxodiaceae* gehört auch die Gattung *Metasequoia*, die heute nur noch mit der einen Art *M. glyptostroboides* vertreten ist. Ihre nächsten Verwandten sind die reliktendemischen Arten *Sequoia sempervirens* und *Sequoiadendron giganteum*. Im Gegensatz zu diesen beiden immergrünen Arten ist die *Metasequoia glyptostroboides* sommergrün. In ihrem ganzen Erscheinungsbild, sowie der Gestalt ihrer Kurztriebe und Nadeln ähnelt sie sehr stark der nordamerikanischen Sumpfzypresse, *Taxodium distichum*, so daß auch zu dieser Seite hin eine mehr oder weniger enge Verwandtschaft besteht. Das wurde um so deutlicher, als Arnold und Lowther 1955 in der Kreide Nord-Alaskas die fossile Gattung *Parataxodium* entdeckten, die eine systematisch vermittelnde Stellung zwischen *Taxodium* und *Metasequoia* einnimmt.

Im Gegensatz zu *Sequoia sempervirens* und *Sequoiadendron giganteum*, die bereits 1769 bzw. 1833 im westlichen Nordamerika aufgefunden wurden, ist die *Metasequoia glyptostroboides* erst ab 1941 unter ziemlich sensationellen Umständen aus Mittelchina bekanntgeworden (s. S. 6). Sechs Jahre später erhielt das Arnold-Arboretum der Harvard-Universität in Boston auf Veranlassung amerikanischer Wissenschaftler eine Saatgutsendung des neuentdeckten Baumes. Von dort aus wurde dieses Saatgut an 76 verschiedene Institutionen und Personen Amerikas und Europas verteilt. Alle lebenden Exemplare der *Metasequoia* in der westlichen Welt stammen letztlich von dieser Sendung ab.

Angeregt durch die sensationelle, nahezu romanhaft anmutende Entdeckungsgeschichte der *Metasequoia* und durch die Verteilung des Saatgutes, aus dem sich vielerorts eine Reihe gutwüchsiger Pflanzen entwickelte, setzte auch in Europa ein großes Interesse für den neuentdeckten Nadelbaum ein. Es ist daher verständlich, daß im ersten Jahrzehnt nach der Entdeckung des Baumes eine Flut von Arbeiten über die *Metasequoia* erschien, die sich nicht nur mit der Taxonomie, Morphologie und Ökologie beschäftigten, sondern auch über die ersten Kulturversuche berichteten. (Da sich viele Arbeiten aus dieser Zeit inhaltlich wiederholen, sind nur die wichtigsten im Literaturverzeichnis aufgeführt.)

Das Interesse für die *Metasequoia* blieb aber nicht allein der Wissenschaft vorbehalten, sondern griff auch bald auf die Praxis über. Gefördert wurde es vor allem dadurch, daß in England (Kemp, 1948) die erste Anzucht von Stecklingen gelang, die sich in der Folge als eine sehr einfache und wirksame Vermehrungsmethode erwies. Auch in Westdeutschland nahmen sich verschiedene Baumschulen dieser Methode an und gingen zum Teil zu einer Stecklingsvermehrung größeren Umfangs über[1].

Seit zwei Jahrzehnten wird nun die *Metasequoia* in Deutschland angepflanzt. Ihre ansprechende pyramidale Gestalt und die zarte Grünfärbung ihrer Kurztriebe und

[1] Hier ist in erster Linie die Fa. Hesse in Weener (Ostfrl.) zu nennen, die auch im wesentlichen für unsere Versuche die Pflanzen lieferte.

Nadeln haben sie vielerorts schon jetzt zu einem beliebten Ziergehölz der Park- und Gartenanlagen werden lassen. Uns hingegen interessiert die Frage: Wird die *Metasequoia* in Zukunft auch als Forstbaum Bedeutung erlangen können? Zur Beantwortung dieser komplexen Frage mag die vorliegende Arbeit einen kleinen Beitrag leisten. Sie sucht im wesentlichen an Hand von umfangreicheren Anbauversuchen die geeigneten Standortbedingungen für eine erfolgversprechende Forstkultur in unserem atlantisch-subatlantischen Klimagebiet festzustellen.

Den praktischen Forstmann werden sicherlich bei den folgenden Berichten über die einzelnen Versuchspflanzungen immer wieder die hohen Ausfälle stören. Er wird vielleicht gerade nach diesem Gesichtspunkt das Für und Wider des *Metasequoia*-Anbaus abwägen. Zu den hohen Verlustwerten sei aber gesagt: Die *Metasequoia*-Versuchsflächen wurden nicht angelegt, um forstbauliche Erfolge zu erzielen, sondern einzig und allein, um zu experimentieren und aus dem Experiment grundlegende Erfahrungen zu sammeln. Dabei müssen zwangsläufig Verluste auftreten.

Neben dem Studium der Standortbedingungen und des Gedeihens der *Metasequoia* als Forstbaum dient ein Teil der Versuchsflächen noch einem weiteren Zweck, nämlich der Durchführung von bodenbiologischen Vergleichsuntersuchungen. Es soll in dem Zusammenhang der Einfluß der *Metasequoia* auf die biologische Aktivität des Bodens untersucht werden. Die relativ leichte Zersetzbarkeit des Bestandsabfalles und andere Anzeichen lassen nämlich vermuten, daß die Einwirkung der *Metasequoia* auf Boden und Bodengefüge wesentlich günstiger ist als die der Fichte. Da sich solche Untersuchungen jedoch über Jahrzehnte erstrecken, können sie in diesem Zusammenhang nicht zur Sprache kommen.

I. Kurzer Abriß der Entdeckungsgeschichte

Es gibt in der Erforschungsgeschichte unserer höheren Pflanzenwelt nur ganz wenige Fälle, daß eine zunächst im fossilen Zustand bekannte Gattung sich nachträglich als noch lebend herausstellt. Zu diesen wenigen Fällen zählt die Entdeckungsgeschichte der *Metasequoia.*

Im Jahre 1940 fand Miki in tertiären Ablagerungen Japans Zweige und Zapfen, die offensichtlich zu den Taxodiaceen gehörten, aber mit keiner lebenden Form übereinstimmten. Die Zapfen wiesen große Ähnlichkeit mit denen der *Sequoia* auf, unterschieden sich aber im wesentlichen dadurch, daß die Zapfenschuppen nicht wie bei dieser spiralig, sondern dekussiert angeordnet waren. Hingegen glichen die belaubten Zweige den Kurztrieben von *Taxodium*, sie waren jedoch gegenständig beblättert. Da die Eigenschaften dieser fossilen Taxodiacee in der Gesamtheit für keine der bekannten Formen zutrafen, entschloß sich der Japaner Miki 1941, die neue Gattung *Metasequoia* aufzustellen.

Gegen Ende des gleichen Jahres, kurze Zeit nach der Veröffentlichung von Miki über die fossile *Metasequoia*, begann bereits die Entdeckungsgeschichte der lebenden *Metasequoia glyptostroboides* durch den chinesischen Forstbeamten T. Kan von der Forstabteilung der Staatlichen Zentraluniversität Nanking. Er fand in der mittelchinesischen Provinz Szechuan in der Nähe des abgelegenen Dorfes Mo-tao-chi einen winterkahlen Nadelbaum vor, den die Eingeborenen »shui-hsa« (= Wasserlärche) nannten. Herbarmaterial dieses unbekannten Baumes, das im folgenden Sommer auf Veranlassung von

T. Kan eingeholt wurde, konnte nicht identifiziert werden. Das veranlaßte T. Wang vom Zentralbüro der Forstlichen Versuchsanstalt Nanking, im Sommer 1944 den gleichen Baum aufzusuchen. Er brachte benadelte Zweige und Zapfen mit und glaubte zunächst, daß es sich um eine Art der Gattung *Glyptostrobus* handele. Diese Vermutung erwies sich jedoch nach eingehender Prüfung von Prof. W. C. Cheng von der Forstabteilung der Staatl. Zentraluniversität Nanking als irrtümlich. Cheng war der Meinung, daß es sich um eine bisher nicht in China bekannte Nadelholzgattung handele. Im Jahre 1946 wurde weiteres Material im Auftrag von Cheng gesammelt, wobei neue Vorkommen dieses Baumes bekanntwurden, und Proben davon an Dr. H. H. Hu vom Fan Memorial Institut für Biologie in Peking gesandt. Diesem war die erwähnte Arbeit von Miki aus dem Jahre 1941 bekannt. Er stellte fest, daß die entdeckte Gattung mit der von Miki beschriebenen fossilen Gattung *Metasequoia* identisch sei. Nach einer vorläufigen Ankündigung durch Hu veröffentlichten Hu und Cheng 1948 gemeinsam eine ausführliche Beschreibung des Baumes und nannten ihn *Metasequoia glyptostroboides*. Die Entdeckung einer lebenden Art als Nachkomme der erst seit kurzem bekannten fossilen Gattung rief auch in der amerikanischen Fachwelt lebhaftes Interesse hervor. Auf Initiative von Prof. E. D. Merill (Arnold-Arboretum, USA) und dem Palaeobotaniker R. W. Chaney setzte eine umfangreiche Expeditionstätigkeit ein. 1946–1948 wurden dadurch über 1000 weitere Exemplare des seltenen Baumes an zerstreuten Wuchsorten im Grenzgebiet der chinesischen Provinzen Szechuan und Hupeh aufgefunden und wertvolle ökologische Informationen gesammelt.

Kein geringeres Aufsehen als die Entdeckung der rezenten *Metasequoia glyptostroboides* löste in Kreisen der Palaeobotaniker die Entdeckung und Aufstellung der Gattung *Metasequoia* im fossilen Zustand durch Miki 1941 aus. Sie zog eine umfangreiche Revision vieler bis dato unter *Sequoia* bzw. *Taxodium* bekannten Fossilien nach sich, die in Wirklichkeit der neuaufgestellten Gattung *Metasequoia* angehörten. (Die frühere irrtümliche Determination als *Sequoia* oder *Taxodium* erklärt sich aus der engen Verwandtschaft der Gattung *Metasequoia* mit diesen beiden Gattungen.)

Das Ergebnis dieser Revision war, daß eine ganze Reihe von Funden, zum Teil aus der Kreide, hauptsächlich aber aus dem Tertiär, in Japan, Korea (Miki, 1941) und China (Hu, 1946) sowie in Nordamerika und der Arktis (Chaney, 1951), verschiedenen geographisch differenzierten Arten der Gattung *Metasequoia* zugeordnet werden mußten. Außerdem sind Fossil-Funde aus dem Tertiär Rußlands und Spitzbergens bekannt, und 1955 entdeckte Schönfeld erstmalig auch für Mitteleuropa fossiles Holz der *Metasequoia* in der Dürener Braunkohle.

Diese Funde deuten darauf hin, daß die Gattung *Metasequoia* im Tertiär mit verschiedenen Arten nahezu auf der gesamten Nordhemisphäre verbreitet war und daß sie sich mit hoher Wahrscheinlichkeit wesentlich an der Zusammensetzung der damaligen arktotertiären Waldflora beteiligt hat. Das lokale mittel-chinesische Vorkommen der *Metasequoia glyptostroboides* ist demnach als ein ausgesprochener Reliktendemismus zu werten.

II. Zur Frage der forstlichen Eignung und Standortwahl

Im Zuge der ersten Begeisterung sind Wert und Anbauwürdigkeit der *Metasequoia* sicherlich zum Teil überschätzt worden. Emotionelle Einflüsse schränkten das kritische Urteilsvermögen ein, und so ist es wohl zu verstehen, daß die *Metasequoia* verschiedentlich als gleich guter Park- und Forstbaum beschrieben wurde. Dabei sollte man aber berücksichtigen, daß neben den ungleich härteren Lebensbedingungen, denen ein Forstbaum ausgesetzt ist, ganz andere Voraussetzungen vorliegen müssen. Beim Parkbaum entscheiden überwiegend ästhetische, hier aber praktische Gesichtspunkte, wobei 1. die Qualität und Verwendungsmöglichkeit seines Holzes im Vordergrund stehen dürften, 2. die Wuchsleistung des Baumes und 3. die geeigneten Standortbedingungen für eine erfolgversprechende Forstkultur.

Hinsichtlich der Eigenschaften und Verwertbarkeit des Holzes können brauchbare Angaben vorerst wohl nur aus chinesischen Quellen erwartet werden. Alle bisherigen holztechnischen Untersuchungen und Prüfungen, die von verschiedenen europäischen und amerikanischen Instituten vorgenommen wurden, haben nur einen bedingten Wert, da sie sich auf junges Material und nicht auf verkerntes Stammholz beziehen. Vom Kernholz schlagreifer Stämme liegen hingegen nur holzanatomische Arbeiten vor.

Allenfalls deuten die bisherigen Untersuchungen (Li, 1948; Joh-Han Li, 1948; Greguss, 1950 und 1955; Hida, 1953; Maacz, 1955; Hochkeppel, 1958, u. a.) auf eine gewisse Ähnlichkeit des *Metasequoia*-Holzes mit dem Holz der kalifornischen Sequoien hin.

Noch spärlicher als über die Eigenschaften sind infolge der endemischen Verbreitung in Zentralchina die Informationen über die Verwendungsmöglichkeiten des Holzes. Von den Bewohnern seiner natürlichen Wuchsorte wird es vorwiegend als Brenn- und Bauholz genutzt (Li, 1964, u. a.). Die Verwendung des *Metasequoia*-Holzes als Bauholz bei einer relativ anspruchslosen Bauernbevölkerung läßt aber keineswegs den Schluß auf eine mögliche adäquate Nutzungsform in Mitteleuropa zu, wo man diesbezüglich höhere Ansprüche stellt.

Demgegenüber weisen die xylotomischen Untersuchungen von Hida (1953) auf eine besondere Eignung des Holzes für die Papierherstellung hin. Diese Eignung basiert auf der großen Länge der Tracheiden.

Die Wuchsleistung der *Metasequoia* wird sowohl in der ostasiatischen, als auch amerikanischen und europäischen Literatur besonders hervorgehoben.

Chu und Cooper (1950) berichten, daß sie in der Gehölzkombination ihres natürlichen Wuchsortes an Schnellwüchsigkeit alle mit ihr vergesellschafteten Bäume übertrifft. Sie erreicht dort Höhen bis zu 50 m und Stammdurchmesser unmittelbar oberhalb des Wurzelansatzes von mehr als 2 m. Jahresringe von 10 mm Breite sollen nach Miki (1950) nicht selten vorkommen. Diese Schnellwüchsigkeit hat sich auch vollends bei den seit 1948 in Amerika und Europa gezogenen Pflanzen bestätigt (Skinner, 1949; Wyman, 1951; Florin, 1952; Dieterich, 1955/56; Martin, 1957; Li, 1964, u. a.). An einigen in Peru gepflanzten Metasequoien hat man sogar Höhenzuwachswerte von mehr als 2 m pro Jahr gemessen. Nach eigenen Beobachtungen kann der Jahresgipfeltrieb einer optimal wachsenden Pflanze durchaus über 1 m hinausgehen. (Bei den Versuchspflanzen in Herdringen wurden wiederholt Längen bis zu 1,30 m festgestellt.)

Hinsichtlich des Dickenzuwachses ergaben z. B. Messungen an 87 dreijährigen Pflanzen (im Raum Westfalen) Zunahmen der Stämmchenbasis zwischen 2,8 und 7,2 mm in einem Jahr.

Was sind nun die geeigneten Standortbedingungen für den forstlichen Anbau der *Metasequoia*? Eingehende Untersuchungen liegen darüber für Europa und Amerika nicht vor. Dagegen sind wir über die Standortbedingungen am natürlichen Wuchsort in China durch die Beobachtungen und Untersuchungen von Cheng und Chu (1949) sowie Chu und Cooper (1950) unterrichtet:

Das Hauptareal ihres zentralchinesischen Vorkommens (Shui-hsa-Tal), in dem die *Metasequoia* als Vertreter einer natürlichen, sich selbst verjüngenden Waldgesellschaft auftritt, nimmt einen Talboden von etwa 25 km Länge und weniger als 1,5 km Breite entlang eines Flusses ein. Die Höhenlage des Tales schwankt zwischen 1000 und 1100 m ü. d. M. Dadurch, daß es allseitig von Gebirgen umschlossen ist, wird es vor großräumigen Luftbewegungen, vor allem vor den kalten und trockenen Winterwinden aus der Wüste Gobi, geschützt. Das Lokalklima zeichnet sich also durch günstige Temperaturbedingungen und relativ hohe Luftfeuchtigkeit aus. Fröste und Schnee fehlen oder kommen nur selten vor. Auf diese milden Temperaturverhältnisse deutet auch eine Reihe von Begleitholzarten der *Metasequoia* wie *Liquidambar formosana*, *Cunninghamia lanceolata*, *Castanea sequinii*, *Cephalotaxus fortunei* u. a. hin.

Die jährliche Niederschlagsmenge wird auf etwa 1100–1200 mm geschätzt. Sie verteilt sich in der Hauptsache auf das Frühjahr und den Sommer, die Winter sind dagegen relativ trocken.

Der Boden des Tales ist ein Verwitterungsprodukt des Jurasandsteins. Er besteht aus nassen, schwach sauren bis neutralen lehmigen Sanden mit Grusbeimengungen.

Innerhalb dieses Tales kommt die *Metasequoia* in der Regel auf den Unterhängen vor. Hier, an den Ufern der Wasserläufe und in den Seitenschluchten zwischen moosbewachsenen Felsen, gedeiht der Baum besonders gut.

Hinsichtlich dieser Standortbeschreibungen gewinnt man den Eindruck, daß die *Metasequoia* ein typischer Baum des Auen- oder sogar des Schluchtwaldes ist. Für den Forstmann wäre es in den meisten Fällen leicht, auch hier in Mitteleuropa Standorte mit ähnlichen geomorphologischen und edaphischen Bedingungen auszuwählen. Man muß sich aber darüber im klaren sein, daß eine Standortauswahl nach solchen Gesichtspunkten aus folgenden Gründen sehr problematisch wäre:

1. Das Shui-hsa-Tal Zentralchinas und Mitteleuropa liegen zwar beide in der gemäßigten Zone der Nordhemisphäre, jedoch weisen ihre klimatischen Verhältnisse zumindest hinsichtlich der Wintertemperaturen und der jährlichen Verteilung der Niederschläge größere Differenzen auf. Selbst Orte mit sehr günstigem Lokalklima in Mitteleuropa entsprechen nicht den dortigen klimatischen Verhältnissen. Im Hinblick auf die Wechselwirkungen der Standortfaktoren ist es daher möglich, daß mit dem abweichenden Klima in Mitteleuropa auch anders geartete Bodenansprüche der *Metasequoia* (graduelle Unterschiede in der Bodenfeuchtigkeit etc.) in Erscheinung treten.

2. Das natürliche Verbreitungsgebiet einer Art wird nicht allein von den jeweiligen Außenfaktoren (Boden, Klima, mechanische Hindernisse der Ausbreitung etc.) bestimmt, sondern auch von den florengeschichtlichen Ereignissen sowie den Konkurrenz- und Abhängigkeitsbedingungen der Arten unter sich. Es ist daher falsch, anzunehmen, daß in jedem natürlichen Pflanzenareal auch optimale Standortbedingungen für die betreffende Art vorherrschen. Die besten Wuchsleistungen einer Art können durchaus außerhalb des natürlichen Verbreitungsgebietes auftreten. Ein bekanntes Beispiel dafür ist die Fichte. Sie erreicht nach Koch (1958) ihre höchste Massenleistung stets unterhalb der natürlichen Fichtenstufe.

So können also die Auswirkungen der Konkurrenz selbst bei der Ausbildung von umfangreichen Pflanzenarealen deutlich in Erscheinung treten. Um so mehr gilt das für reliktendemische Kleinstareale, die ausgesprochene Refugien darstellen, wie das Verbreitungsgebiet der *Metasequoia*.

Es wäre daher gewagt, den rezenten natürlichen Wuchsort der *Metasequoia* in Zentralchina als optimalen Standort und als Bezugsgrundlage für eine detaillierte forstliche Standortwahl in unserem Raum zu werten. Der heutige Wuchsort ist diesbezüglich höchstens als Rahmen für gröbere Informationen zu betrachten.

Die grundlegenden Standortbedingungen für den forstlichen Anbau außerhalb des natürlichen Verbreitungsgebietes können unter verschiedenen klimatischen und edaphischen Gegebenheiten nur von Fall zu Fall durch das Experiment erwiesen werden.

III. Versuchsflächen und Versuchsergebnisse

Um aus den forstlichen Anbauversuchen mit der *Metasequoia* möglichst vielseitige Erfahrungen zu sammeln, war es notwendig, die Versuchspflanzungen so anzulegen, daß eine größere Reihe verschiedener standörtlicher Verhältnisse berücksichtigt werden konnte. Dazu dienten vor allem Streuversuche, die im Jahre 1958 jeweils mit wenigen Versuchspflanzen im gesamten westfälischen Raum zerstreut angelegt wurden (Abb. 1). Neben diesen Streuversuchen wurden drei Flächenanbauversuche in Herdringen/Hakkenberg (1958), Ammeloe (1959) und Herdringen/Röhrtal (1965) eingerichtet. Sie sollten als Hauptversuchsfelder im wesentlichen laufenden Beobachtungen und Messungen dienen.

Insgesamt wurden 5954 *Metasequoia*-Pflanzen für Versuchszwecke ausgepflanzt. Sie verteilen sich wie folgt auf die einzelnen Versuchsfelder:

Streuversuche:	657 Pfl.
Herdringen/Hackenberg:	2195 Pfl.
Ammeloe:	2500 Pfl.
Herdringen/Röhrtal:	602 Pfl.

A. Streuversuche

1. Anlage

Im April 1958 wurden mit Hilfe der Forstabteilung der Landwirtschaftskammer Westfalen-Lippe unter Leitung von Herrn Landforstmeister NIEMANN insgesamt 80 Versuchspflanzungen bei 53 verschiedenen Forstbetrieben in der Münsterschen Bucht, im Sauerland und im Weserbergland eingerichtet (Abb. 1)[2]. Die große Anzahl dieser Streupflanzungen erlaubte es, vor allem möglichst viele differenzierte Bodenverhältnisse zu berücksichtigen. Ein Teil der Versuchspflanzungen wurde unter Schirm, der andere auf Kahlflächen eingerichtet. Zur Auspflanzung kamen zu einem Teil einjährige, größtenteils aber zwei- und dreijährige und in wenigen Fällen auch vier- und fünfjährige bewurzelte Stecklingspflanzen.

Informationen über die topographischen und standörtlichen Gegebenheiten der einzelnen Versuchspflanzungen sowie über Zuwachsleistungen, Ausfälle und deren Ursachen, Krankheiten etc. wurden wiederholt durch Fragebögen bei den einzelnen Betrieben eingeholt. Darüber hinaus dienten Ortsbesichtigungen zur Vervollständigung des Bildes.

Die Erwartung, mit diesen Streuversuchen Unterlagenmaterial über das Wachstum der *Metasequoia* auf verschiedenen Böden zu erhalten, wurde im wesentlichen nicht erfüllt. Es stellte sich bald heraus, daß auf Grund der unterschiedlichen Behandlungsweise der Versuchspflanzen durch die einzelnen Forstbesitzer eine genaue Vergleichsbasis fehlte.

[2] Herrn Landforstmeister NIEMANN sind wir für seine beratende und organisatorische Tätigkeit zu besonderem Dank verpflichtet.

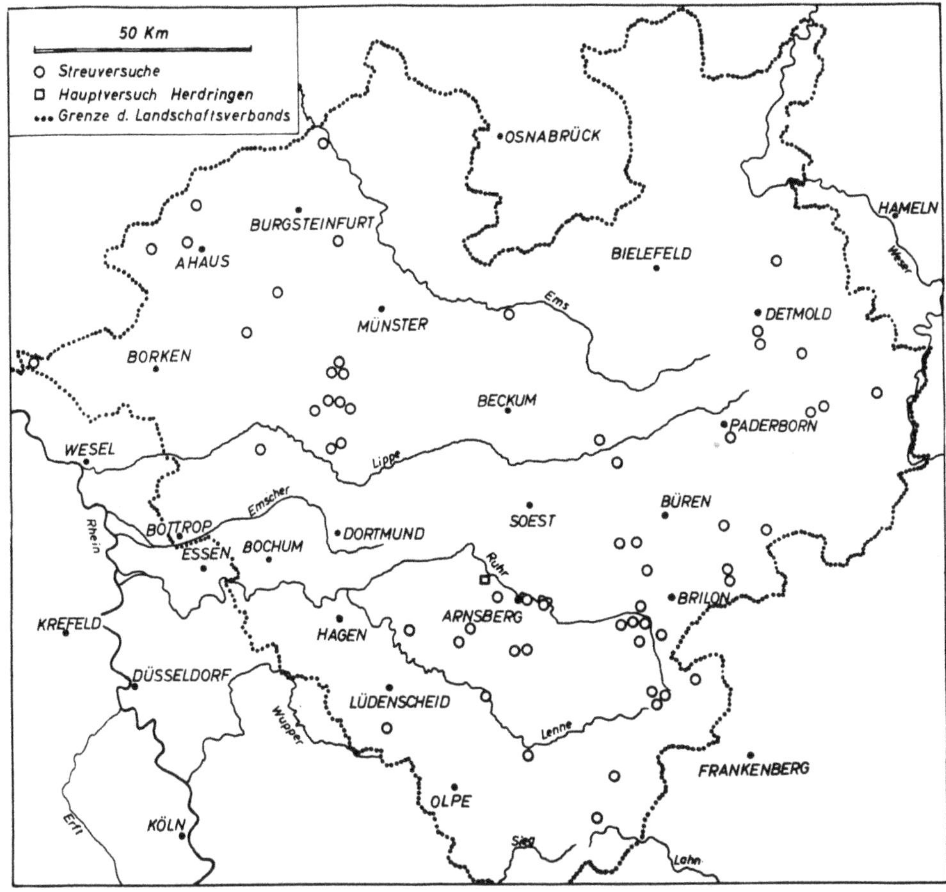

Abb. 1 Lage der *Metasequoia*-Versuchsstellen im Raum Westfalen (dicht beieinander gelegene Streuversuche sind mit einer gemeinsamen Signatur eingetragen)

Einer Reihe von Forstbesitzern ging es nämlich weniger um die wissenschaftliche Auswertbarkeit der Versuche, als darum, die »neuen Bäume« möglichst gut zu pflegen, zu düngen und zu besten Wuchsleistungen zu bringen. Als dann die außergewöhnlichen Witterungsverhältnisse des Trockenjahres 1959 (Tab. 4) große Lücken in den Beständen verursachten und die Metasequoien verschiedener Versuchspflanzungen entweder völlig oder bis auf wenige vernichteten, erlosch vielerorts das Interesse.
Trotz der unterschiedlichen Behandlungsweise der Versuchspflanzen ging jedoch hinsichtlich der edaphischen Ansprüche eines sehr deutlich aus den Streuversuchen hervor, nämlich die Vorliebe der *Metasequoia* für frische bis feuchte Böden. Auf solchen Böden zeigte der Baum eine beachtenswerte Wachstumszügigkeit.
Wenn wir auch in der anfänglich gehegten Hoffnung, nähere Informationen über die edaphischen Ansprüche der *Metasequoia* zu erhalten, enttäuscht wurden, so gestatteten uns aber die extremen Witterungsverhältnisse des Jahres 1959, die Versuche in einer anderen Richtung auszuwerten. Sie rundeten das Bild über die lokalklimatischen Ansprüche der *Metasequoia* in unserem Raum insbesondere hinsichtlich der Feuchtigkeitsverhältnisse und der Frostempfindlichkeit ab und gaben damit wertvolle Hinweise für den forstlichen Anbau. Zugleich machten sie uns auf die große Gefahr der Fraßschäden durch Mäuse aufmerksam.

Von den 80 Streuversuchen konnten diesbezüglich in den ersten beiden Jahren nach der Pflanzung (bis April 1960) 69 Stellen mit insgesamt 516 Pflanzen ausgewertet werden. 11 Versuchsstellen wurden aus Gründen unvollständiger oder unsachgemäßer Angaben nicht berücksichtigt. Die Zusammenstellung der Versuchsergebnisse zeigen Tab. 1 und Abb. 2.

2. *Ausfälle*

Die in der Tab. 1 enthaltenen Werte zeigen den Stand der Ausfälle bis April 1960 auf. Sie betragen im Durchschnitt insgesamt 35,3% der Versuchspflanzen. 35,9% entfallen auf Höhenlagen bis 100 m ü. N. N. Es handelt sich hierbei im wesentlichen um die Versuchspflanzungen in der Münsterschen Bucht. Die Versuchspflanzungen in Höhenlagen von 100 bis 720 m sind mit wenigen Ausnahmen im Sauerland und Weserbergland angelegt. Ihre Ausfälle betragen in Höhenlagen von 100 bis 300 m durchschnittlich 29,6%, in Lagen von 300 bis 500 m 32,8% und bei 500 bis 720 m 43,2%.
Die hauptsächlichsten Ursachen der Ausfälle sind klimatogener oder zoogener Natur.

Tab. 1 Ausfälle und ihre Ursachen bei den Metasequoia-Streuversuchen in den Jahren 1958–1959 in Beziehung zu den Höhenlagen und zur Beschirmung

Höhe ü. N. N.	Beschirmung	Zahl der Versuchsstellen	Zahl der Pflanzen	Ausfälle in % durch: Frost	Dürre	Frost und Dürre	Mäusefraß	sonstige Ursachen	Gesamtausfälle in %
0–100	mit	14	123	2,4	–	2,4	0,8	3,3	8,9
	ohne	8	44	35,9	–	20,4	4,3	–	62,9
100–300	mit	7	50	–	4,0	12,0	6,0	–	22,0
	ohne	10	73	5,7	12,3	16,4	2,7	–	37,1
300–500	mit	10	123	1,6	10,4	13,0	12,2	1,6	38,8
	ohne	9	45	8,9	6,7	6,7	2,2	2,2	26,7
500–720	mit	2	7	–	28,6	14,3	14,3	–	57,2
	ohne	9	51	1,9	11,6	7,8	7,8	–	29,1

a) Klimatogene Schäden

Klimabedingte Schädigungen der Kulturen wurden vorzugsweise durch Spätfröste oder Trockenperioden hervorgerufen. Gerade das Jahr 1959 stellte mit seinen extremen Witterungsverhältnissen außergewöhnlich harte Anforderungen an die Versuchspflanzen. In der letzten Hälfte des April bis zum 5. Mai waren es die wiederholten Spätfröste, die zum Teil mit Temperaturen von —8° C (in Bodennähe einzelner Streupflanzungen gemessen) nach Ausbruch der Nadeln auftraten, und im anschließenden Sommer die ausgedehnte Dürreperiode (Tab. 4).
Die überwiegende Anzahl der Ausfälle durch Spätfrost liegt in der Ebene. Eine erhebliche Abnahme ist bereits in Höhenlagen von 100 bis 500 m zu verzeichnen, und in der ausgesprochenen montanen Stufe von 500 bis 720 m liegt das Minimum der Ausfälle. Diese Erscheinung mag im Hinblick auf die allgemeine Abnahme der Tempe-

raturen bei zunehmender Höhe zunächst überraschen, sie wird aber verständlich, wenn man bedenkt, daß gerade die Abnahme der Temperaturen in Verbindung mit der Schneelage eine Verzögerung des Nadelaustriebs der Metasequoia zur Folge hat. (Die Pflanzen treiben in der Ebene, unter günstigen Witterungsbedingungen, bereits Mitte bis Ende März aus.) Diese Verzögerung des Austriebs ist hinsichtlich der Spätfrostgefährdung für die Pflanze ein Vorteil. In verschiedenen Fällen spielen außer diesen Verhältnissen auch die örtlichen Kaltluftströmungen eine Rolle, die auf Grund des Kaltluftstaues in den Tälern vielfach eine größere Spätfrostgefahr als in den höher gelegenen Berglagen hervorrufen.

Einen weiteren und sehr wesentlichen Vorteil hinsichtlich der Spätfrostgefährdungen weisen die Unterschirm-Pflanzungen auf. Ihre Ausfälle belaufen sich nur auf einen Bruchteil der Kahlflächen-Pflanzungen (s. Tab. 1). Der Schlußgrad des Schirms war an den verschiedenen Versuchsstellen nicht einheitlich ausgebildet, sondern wechselte von 0,2 bis 0,7.

Die von uns beobachteten Frostschäden stehen anscheinend im Widerspruch zu zahlreichen Literaturausführungen, die während der ersten Anbauversuche und auch in der Folgezeit gemacht wurden. So schrieb u. a. CHANEY (1950), die Metasequoia habe selbst den außergewöhnlich strengen Winter 1949/50 im südöstlichen Alaska überstanden. Auch in den Pyrenäen (1000 m ü. N. N.) sind nach GAUSSEN während der Winter 1949–1951 keine Frostschäden beobachtet worden. Nach FLORIN (1952) berichteten LUNDSTAD, TIGERSTEDT und SCHALIN aus Helsinki, daß dort die Metasequoien Minimumtemperaturen von —30°C überlebt hätten, und LI schrieb 1964, die Frosthärte der *Metasequoia* sei an vielen Orten hoher nördlicher Breiten einschließlich Alaska, Südkanada, Norwegen, Schweden und in einigen Teilen Rußlands geprüft.

Auf Grund unserer Untersuchungen im westfälischen Raum können wir mit Sicherheit sagen, daß uns ebenfalls kein einziger Schadensfall infolge extremer Winterkälte bekanntgeworden ist. Alle beobachteten Frostschäden sind dagegen auf Spätfröste zurückzuführen, die während der Belaubung der *Metasequoia* auftraten.

Somit ist es durchaus möglich, ja sogar wahrscheinlich, daß die *Metasequoia* in den borealen Ländern auf Grund der Austriebsverzögerung nicht unter Frösten zu leiden hat, während sie in gemäßigten Klimagebieten im Zustand junger Belaubung durch starke Spätfröste gefährdet ist. Die von uns beobachtete Abnahme der Spätfrostschäden zur Höhe hin muß sicherlich als eine Parallelerscheinung unter ähnlichen klimatischen Ursachen gewertet werden. Daß die ersten Frostschädenmeldungen ausgerechnet aus gemäßigten Gebieten wie Dänemark und Schottland kamen (FLORIN, 1952), mag dieses Bild vervollständigen.

Die verhältnismäßig hohe Anzahl der frostgeschädigten Pflanzen auf unseren Versuchsflächen ist sicherlich enttäuschend, zugleich aber auch irreführend. Sie hängt im wesentlichen damit zusammen, daß bei der Anlage vieler Streuversuche im Jahre 1958 bewurzelte, einjährige Stecklingspflanzen gesetzt wurden (einmal aus finanziellen Gründen, zum anderen, weil nicht so große Mengen mehrjähriger Pflanzen zu beschaffen waren). Diese Pflanzen fielen in der Mehrzahl schon während der Anwuchsperiode, kurz nach der Verpflanzung, bei den ersten strengeren Bodenfrösten aus, während das mehrjährige Pflanzgut in der Regel nur Schäden davontrug, die im Laufe des Frühlings wieder regenerierten. Über die Empfindlichkeit der einjährigen Stecklingspflanzen wird noch in anderem Zusammenhang auf S. 19 zu berichten sein.

Sieht man von diesen schlechten Erfahrungen mit einjährigen Stecklingspflanzen ab, so zeigen unsere Beobachtungen auf allen Versuchsflächen, daß die *Metasequoia* nicht weniger frosthart ist, als verschiedene andere, schon seit langem bei uns eingeführte Forstbäume. Es konnten während der strengen Spätfrostperioden, Anfang Mai 1958 und insbesondere Ende April 1959, an vielen Stellen in unmittelbarer Nähe der frostgeschädigten *Metasequoia*-Pflanzungen auch starke Schädigungen anderer, jüngerer Forstkulturen festgestellt werden. So waren z. B. jüngere Roteichenbestände, soweit sie ausgetrieben waren, völlig erfroren. Weiterhin wurden Frostschäden an Lärchen (*Larix leptolepis*) festgestellt, und selbst Frühtriebe von Jungfichten, die um einige Jahre älter als die Metasequoien waren, wiesen erhebliche Schäden auf.

Genau umgekehrt wie die Frostschäden verhalten sich die Ausfälle der *Metasequoia* infolge von Dürre. Sie erreichen ihr Maximum in den Höhenlagen von 500 bis 720 m. Diesen Verhältnissen dürften im wesentlichen zwei Ursachen zugrunde liegen, einmal die intensivere Strahlung mit zunehmender Höhe, und zum anderen – wohl als Hauptursache – die Abnahme der Bodengründigkeit und damit des Wasserspeicherungsvermögens des Bodens. Tatsächlich handelt es sich in Höhenlagen von 500 bis 720 m mit einer einzigen Ausnahme um mittel-flachgründige Braunerden oder Ranker aus devonischem Schiefer oder Grauwacke. Das sind Standorte des trockenen *Luzulo-Fagetum*, die schon bei normalen Witterungsverhältnissen einer feuchtigkeitsliebenden Art nicht genügen, geschweige denn bei extremen Trockenperioden.

Sehr aufschlußreich sind die Auswirkungen des Schirms auf die *Metasequoia*-Pflanzungen in Verbindung mit der Dürreperiode 1959. Wie die Tab. 1 zeigt, hat der Schirm noch bis in Höhenlagen von 300 m eine positive Auswirkung auf die Pflanzen. Zur nachhaltigen Feuchtigkeit der tiefgründigen Böden dieser Lagen tritt zusätzlich die Schattenwirkung des Schirms als transpirationshemmender Faktor für die Metasequoien hinzu, ein Umstand, der sich besonders günstig in Trockenzeiten mit intensiver Einstrahlung auf die Wasserbilanz der Pflanzen auswirken muß. Gänzlich umgekehrt liegen die Verhältnisse in den höheren Berglagen bei Abnahme der Bodengründigkeit. Auch hier wird sich natürlich bei genügenden Feuchtigkeitsverhältnissen der Schirm als Schattenspender positiv auswirken. Während ausgesprochener Trockenperioden wird diese positive Auswirkung jedoch von einer stärkeren negativen überlagert, die mit dem Wasserverbrauch der schirmtragenden Bäume zusammenhängt. Die geringen Wasservorräte der flach- und mittelgründigen Böden werden dadurch schneller erschöpft und die Trockenheit kann sich um so verheerender auf die Unterschirmpflanzungen auswirken.

Neben den Verlusten, die einerseits als Folge von Spätfrost- und andererseits von Trockenschäden auftraten, sind in der Tab. 1 solche Ausfälle verzeichnet, die auf eine kombinierte Auswirkung von Spätfrösten und anschließender Trockenheit zurückgeführt werden müssen (Frost und Dürre). (Dieser Witterungsablauf war typisch für das Jahr 1959.) Die vom Spätfrost erheblich geschädigten Pflanzen trieben mehrere Wochen nach dem Totalverlust der Nadeln neu aus, waren aber so stark geschwächt, daß sie die anschließende Trockenperiode nicht mehr überstehen konnten. Dabei fielen vor allem, wie das auch bei den frost- oder dürregeschädigten Pflanzen der Fall war, die Exemplare aus, die im Vorjahre als einjährige Stecklinge gepflanzt waren.

Auch die Verlustzahlen dieser Reihe zeigen sehr deutlich die verschiedene Auswirkung des Schirms auf die Pflanzungen, in der Ebene und den unteren Berglagen eine positive und in den höheren Lagen mit flach-mittelgründigen Böden eine negative (während extremer Trockenperioden).

Wie auf Grund der Feuchtigkeitsansprüche der *Metasequoia* zu erwarten war, verteilen sich die Ausfälle im Bergland nicht gleichmäßig auf alle Expositionen, sondern sie häufen sich eindeutig auf lokalklimatisch extremeren sonnenseitigen Hängen sowie auf den Bergkuppen und Plateaus (Abb. 2). Die sonnenabseitigen, frischeren Hänge mit ausgeglichenerem Oroklima bilden, ersichtlich an den geringeren Ausfällen, die weitaus besseren Standorte.

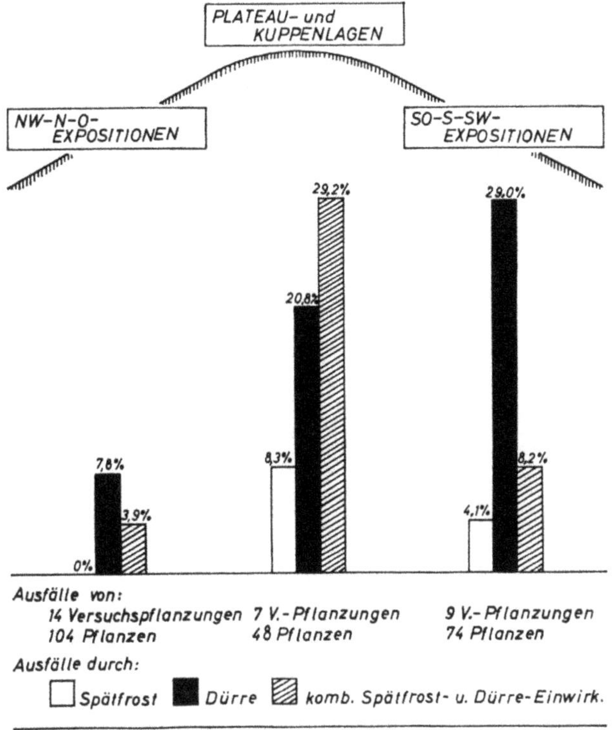

Abb. 2 Ausfälle bei den *Metasequoia*-Streuversuchen in den Jahren 1958/59 in Beziehung zu den Expositionen von 300 bis 720 m ü. N. N.

Neben den beträchtlich höheren Verlusten durch Trockenheit zeichnen sich die südlich exponierten Hänge und Bergkuppen durch stärkere Frostgefährdung der Metasequoien aus. Schnelleres Abtauen des Schnees und mehr oder weniger senkrechter Einfall der Sonnenstrahlen auf die Südhänge haben hier ein frühzeitiges Austreiben der Pflanzen zur Folge. Dieser »Verwöhnungsvorgang« wird auf den sonnenabseitigen Hängen hinausgezögert, und daher ist hier die Gefährdung durch Spätfröste geringer. Im vorliegenden Fall waren keine Ausfälle zu verzeichnen.

b) Zoogene Schäden

Unter den Schädigungen durch zoogene Einflüsse fällt der Mäusefraß mit durchschnittlich 6,3% Ausfall (Tab. 1) ins Gewicht. Neben diesen Ausfällen, die durch Ringelungsfraß am Wurzelhals und an der Stammbasis hervorgerufen waren, konnten verschiedentlich kleinere Nagestellen an den unteren Stammpartien der Metasequoien festgestellt werden, die zwar zu einer Wachstumsbehinderung, jedoch nicht zum Absterben der Pflanzen führten.
Offenbar scheint die Feldmaus *(Microtus arvalis)* Rinde und Bast der *Metasequoia* mit Vorliebe zu benagen. Aus der Tschechoslowakei berichtet TURCEK 1962, daß Feldmäuse in *Metasequoia*-Kulturen bei Banská Stiavnica 12% der Bäumchen geschädigt hätten. Dort zeigten sich gleiche oder ähnliche Fraßbilder wie auf unseren Versuchsflächen.

B. Flächenanbauversuch Herdringen/Hackenberg

1. Lage und Standort

Die Versuchsfläche Herdringen/Hackenberg in Größe von 0,52 ha wurde vom Freiherrn von Fürstenberg-Herdringen im Forstrevier Bruchhausen Abt. 233f zur Verfügung gestellt. Sie liegt im nördlichen Sauerland, etwa 3 km nördlich von Neheim-Hüsten im Westteil des Arnsberger Waldes. Ihre Höhenlage beträgt im Mittel 250 m ü. N. N.

Ein Teil der Fläche hat eine ausgesprochene Plateau-Lage (Feld II), während der andere zunächst schwach und am Mittelhang etwas stärker mit einem Neigungswinkel von 20° nach NO in das Bachtal der »Kleinen Aupke« abfällt (Feld I). Diese Plateau- und sonnenabseitige Hanglage wurde von uns in der Absicht ausgewählt, Unterlagen für evtl. expositionsbedingte, lokalklimatische Ansprüche der *Metasequoia* zu erhalten. Wie sich später herausstellte, hat sich diese Erwartung vollauf bestätigt.

Unmittelbar an diese Versuchsfläche angrenzend wurde in gleicher Expositionslage eine Fichtenkultur als Vergleichsfläche eingerichtet, die den bereits erwähnten bodenbiologischen Vergleichsuntersuchungen dienen soll. Der gesamte Versuchsflächen-Komplex ist mit einem widerstandsfähigen Wildgatter eingezäunt[3].

Da die *Metasequoia*-Versuchsfläche sich nur vom Plateau über den Oberhang zum Mittelhang erstreckt und den wasserzügigen Unterhang ausschließt, sind die Bodenverhältnisse, abgesehen von kleineren Differenzen der Gründigkeit, im wesentlichen einheitlich. Das betrifft sowohl die Bodenart als auch den Bodentyp. Im ersteren Falle handelt es sich um eine geringmächtige Verwitterungsschicht der Grauwacke, die von einer 40–75 cm dicken entkalkten Lößschicht überlagert ist (Korngrößenfraktionen s. Tab. 2).

Tab. 2 Korngrößenfraktionen in % der Feinerde und Bodenreaktion der Metasequoia-Versuchsfläche Herdringen/Hackenberg
(Durchschnittswerte aus 3 Bodenprofilen)

Horizont	Rohton	Schluff	Feinsand	Grobsand	pH in H_2O
$A_{1/2}$	8,0	22,4	40,7	28,8	4,0
oberer (B)	13,7	20,3	40,9	25,1	4,3
unterer (B)	19,8	21,8	42,1	16,3	4,4

Der Bodentyp ist eine mittelgründige, podsolige Braunerde mit geringem Basengehalt (pH-Werte s. Tab. 2). Am Mittelhang treten zum Teil schwache Anzeichen einer Pseudovergleyung auf. Der durchschnittliche Profilaufbau zeigt folgende Horizontierung:

A_0	5 cm	Fichten-Rohhumus.
$A_{1/2}$	12 cm	Oben schwarzer, moderig-humoser und darunter violett-brauner Löß mit diffusem Übergang in
(B)	40 cm	lehmigen, bröckelig-plattig gelagerten Löß von dunkelgelber Farbe, nicht verfestigt.
(B)/C	20 cm	Skelettreicher, graubrauner Verwitterungslehm der Grauwacke.
C		Grauwacke, zum Teil mit Tonschieferbänken durchsetzt.

[3] Den Herren Revierförster W. SCHWALBE und Oberförster H. KNAUP sind wir für Arbeiten im Versuchsgelände und für genaue Protokollführung zu großem Dank verpflichtet.

Die klimatischen Verhältnisse für die Versuchsjahre 1958–1965 mögen in groben Zügen durch die beiden Temperatur- und Niederschlagstabellen (Tab. 3 und 4) wiedergegeben werden. Die Werte dieser Tabellen sind ab 1961 in der neueingerichteten Wetterstation des Forstamtes Herdringen gemessen. Hingegen wurden die Werte der Jahre 1958–1960 den Aufzeichnungen der nahegelegenen Wetterstation Möhnesee entnommen.

Tab. 3 Temperaturmittelwerte in °C der Wetterstationen Möhnesee (1958–1960) und des Forstamtes Herdringen (1961–1965)

Monat	1958	1959	1960	1961	1962	1963	1964	1965
Januar	0,8	1,3	0,5	0,0	2,5	— 8,0	— 1,1	1,0
Februar	2,3	0,6	1,7	6,5	0,5	— 6,0	0,9	— 1,3
März	— 0,5	7,0	5,4	7,5	0,5	3,5	2,0	3,4
April	4,9	10,3	8,3	11,5	9,5	9,5	9,0	7,4
Mai	12,7	12,4	12,8	11,0	9,0	11,5	14,0	12,4
Juni	14,7	16,8	15,9	17,5	13,5	15,5	16,0	16,6
Juli	16,4	19,6	15,1	16,0	14,5	17,0	17,0	15,8
August	17,5	18,1	15,6	16,0	15,5	15,5	15,5	15,9
September	15,6	14,7	12,9	16,5	12,0	13,0	13,5	14,0
Oktober	10,3	9,8	10,5	11,0	10,0	8,0	6,5	9,7
November	6,6	5,0	4,4	4,5	2,5	6,5	4,0	1,8
Dezember	2,3	3,9	2,9	0,5	— 2,0	— 3,5	0,5	3,4
Jahres-mittel	8,6	10,0	8,8	9,8	7,7	6,9	8,1	8,0

Tab. 4 Niederschlagswerte in mm *der Wetterstationen Möhnesee (1958–1960) und des Forstamtes Herdringen (1961–1965)*

Monat	1958	1959	1960	1961	1962	1963	1964	1965
Januar	71,1	77,5	98,5	61,7	65,1	30,8	23,4	112,9
Februar	112,2	6,7	26,8	50,2	65,9	12,2	59,1	33,1
März	95,2	30,8	31,3	75,5	48,0	62,0	34,7	72,9
April	62,2	37,8	67,3	125,3	100,3	41,6	45,2	121,2
Mai	98,7	24,0	85,9	80,4	1,1	50,3	65,6	84,1
Juni	66,6	43,5	48,5	109,5	35,3	92,1	64,9	136,4
Juli	96,3	44,4	51,1	111,6	165,3	35,5	45,3	227,8
August	116,0	52,3	202,9	98,1	71,6	91,5	73,2	61,0
September	46,3	3,1	58,4	39,6	52,5	65,8	42,9	61,0
Oktober	87,5	42,7	168,1	34,6	23,2	35,8	62,6	35,2
November	42,2	32,4	100,6	101,7	32,9	86,0	63,1	103,5
Dezember	61,1	43,9	94,4	72,7	98,2	13,2	56,8	210,3
Jahres-summe	955,4	439,1	1023,8	960,9	849,4	616,8	636,8	1259,4

Vegetationskundliche Untersuchungen ergaben, daß die Versuchsfläche der unteren Buchenwaldstufe angehört und als Standort des *Luzulo-Fagetum* einzustufen ist. Den Vorbestand bildeten allerdings keine Buchen, sondern 50jährige Fichten mit 1,0-Bestockung in II. Generation, die im Jahre 1957 abgetrieben wurden. Zur Zeit der Versuchspflanzung hatte sich auf der Kahlfläche das nitrophile *Digitali-Epilobietum* als

typische Schlaggesellschaft der *Luzulo-Fagetum*-Standorte nach Fichtenbestockung ausgebildet:
Pflanzensoziologische Aufnahme des *Digitali-Epilobietum* auf der Versuchsfläche Herdringen/Hackenberg am 11. 9. 1959: Bodenbedeckung 60%.

Ass. Charakterart:

Digitalis purpurea	2

Verb. Charakterarten:

Epilobium angustifolium	3
Senecio silvaticus	1
Carex pilulifera (D. V.)	1

Ordn.- und Klass.- Charakterarten:

Rubus idaeus	+
Gnaphalium silvaticum	+

Begleiter:

Galium hercynicum	1
Rumex acetosella	1
Agrostis tenuis	+
Senecio viscosus	+
Luzula multiflora	+
Polytrichum attenuatum	+
Juncus effusus	+
Agrostis alba	+
Deschampsia flexuosa	+
Calluna vulgaris	+
Holcus mollis	+

Wald-Relikte und Pioniere:

Betula alba Klge.	2
Salix caprea	+
Luzula luzuloides	+

2. *Pflanzverfahren und ihre Auswirkungen*

Die Bepflanzung beider Felder der Versuchsfläche erfolgte erstmalig am 28. und 29. April 1958 mit 1450 Stück einjährigen, etwa 10 cm großen bewurzelten *Metasequioa*-Stecklingen. Infolge der späteren Ausfälle wurden Nachpflanzungen am 6. April 1959 mit 450 Stück und am 7. April 1960 mit 295 Stück zweijährigen Stecklingspflanzen vorgenommen.
Die einjährigen Stecklinge der Lieferung 1958 kamen auf Wunsch zum Teil mit Wurzelballen in Papptöpfen und zum Teil wurzelnackt zum Versand. Sie befanden sich zur Zeit der Anlieferung bereits im Austrieb.
Für die Pflanzung der einjährigen Metasequoien wurden etwa 20×20 cm große Pflanzlöcher ausgehoben und deren Erde mit dem humosen Oberboden vermischt. Ein Teil des Pflanzgutes wurde mit Ballen und einseitig eingerissenem Papptopf eingesetzt, der zweite Teil mit Ballen unter Entfernung des Papptopfes und der dritte wurzelnackt.
Es sei vorweg bemerkt, daß diese drei verschiedenen Pflanzmethoden mit einjährigen Stecklingspflanzen bis zum Jahre 1960 keinerlei ersichtliche Unterschiede auf das Wachstum und Gedeihen der *Metasequoia*-Kulturen zeigten. Da für später keine diesbezüglichen Differenzen mehr zu erwarten waren, wurden die Beobachtungen und Messungen eingestellt.
Im Jahre 1960 wurde der gleiche Versuch mit zweijährigen wurzelnackten Pflanzen und mit Ballenpflanzen wiederholt, konnte aber nicht ausgewertet werden, da im Folgejahr ein starker Pilzbefall unterschiedliche Schädigungen an den einzelnen Pflanzen hervorgerufen hatte und einen genauen Vergleich nicht mehr gestattete.
So kann das für die forstwirtschaftliche Praxis wichtige Versuchsergebnis, daß sich die *Metasequoia* mit gleichem Erfolg wurzelnackt wie mit Ballen pflanzen läßt, für die Versuchsfläche Herdringen/Hackenberg nur auf einjährige Stecklingspflanzen bezogen werden. Es soll aber vorweg gesagt werden, daß ein gleicher Versuch mit zwei- und dreijährigen Pflanzen auf der Fläche Herdringen/Röhrtal (s. S. 31) im Jahre 1965 wiederholt wurde, der zu durchaus positiven Ergebnissen führte.
Bezüglich der Anordnung der Pflanzung auf der Versuchsfläche Herdringen/Hacken-

berg sei erwähnt, daß sowohl ein *Metasequoia*-Reinbestand als auch ein Mischbestand mit einjähriger *Metasequoia* und dreijähriger verschulter Fichte *(Picea abies)* angelegt wurde. Beim Reinbestand wurden die Metasequoien im 1,5×1,5 m-Verband gepflanzt und beim Mischbestand im 2×2 m-Verband, wobei die Fichte reihenweise dazwischen gesetzt wurde.

Die Anlage des dichtgepflanzten Mischbestandes geschah in erster Linie aus forstwirtschaftlichen Zweckmäßigkeitsgründen. Einerseits war damit beabsichtigt, möglichst schnell einen Bestandesschluß zu erreichen, und andererseits sollten bei der späteren Auslichtung die Metasequoien geschont und statt dessen die Fichten geschlagen und als Weihnachtsbäume verkauft werden.

Nach unseren heutigen Erfahrungen haben sich diese Überlegungen als richtig und zweckmäßig herausgestellt. Der Mischbestand ist jetzt soweit gediehen, daß ein Teil der Fichten bereits Ende 1966 als größere Weihnachtsbäume abgetrieben werden konnte.

Obwohl die Fichten zur Zeit der Pflanzung dreijährig, die Metasequoien aber nur einjährig waren, sind die Metasequoien heute höher gewachsen als die Fichten. Dennoch kann von einer Wachstumsbehinderung der Fichte durch die *Metasequoia* vorerst keine Rede sein, da die *Metasequoia* eine ausgesprochene Lichtholzart ist und zudem im Gegensatz zu vielen Lichtholzarten infolge ihres schmalen, zypressenähnlichen Wuchses wenig Raum beansprucht. Bis zum augenblicklichen Entwicklungsstadium muß also die Verträglichkeit zwischen *Metasequoia* und Fichte im gemischten Bestand durchaus positiv bewertet werden. Es hat sogar den Anschein, daß die *Metasequoia* durch den Fichtenseitenschutz im Jungbestand noch gefördert wird.

Die weitere Entwicklung eines solchen Mischbestandes bleibt abzuwarten. Es ist allerdings zu befürchten, daß die Fichte in absehbarer Zeit die *Metasequoia* durch Seitendruck behindern wird. Damit wäre die Fichte im geplanten Sinne wohl als Zeitmischung, aber nicht als Dauermischung zu empfehlen.

Die dritte Frage, die uns bezüglich der Untersuchungen mit verschiedenen Pflanzmethoden interessiert, ist die Frage nach dem vorteilhaftesten Verpflanzungsalter der *Metasequoia* für forstliche Zwecke. Nach rationellen Gesichtspunkten ist das günstigste Verpflanzungsalter stets das jüngste, das ein optimales Anwachsen und Gedeihen garantiert. Daher wurde auch hier versuchsweise mit einjährigen Pflanzen begonnen.

Nicht nur unsere Versuche auf der Fläche Herdringen/Hackenberg, sondern auch Herdringen/Röhrtal und alle anderen Versuchsflächen sprechen eindeutig für eine Verpflanzung von zwei- oder dreijährigen Stecklingspflanzen mit Höhen von 40–80 cm. Einjährige bewurzelte Stecklingspflanzen sind zwar billiger und können auch in günstigen Vegetationsjahren durchaus zum Erfolg führen, sie sind aber Vegetationsjahren mit mehr oder weniger großen Witterungsextremen oder Krisen nicht gewachsen. Gute Anhaltspunkte dafür lieferten uns bereits die Streuversuche. Der größte Ausfall war hier unter den einjährigen Stecklingspflanzen zu verzeichnen.

Ähnliche Verhältnisse liegen bei der Fläche Herdringen/Hackenberg vor. Der Ausfall unter den 1958 gepflanzten 1450 Stück einjährigen Stecklingspflanzen betrug Ende Juli des gleichen Jahres 46%. Dagegen fielen bei der Nachpflanzung von 1959 mit zweijährigen Pflanzen im ersten Versuchsjahr nur 15% aus, obwohl das Jahr 1959 ein ausgesprochenes Extremjahr war und wesentlich höhere Anforderungen an die Kulturen stellte, als das Jahr 1958.

Die hohen Verluste unter den einjährigen Pflanzen im Jahre 1958 traten fast ausschließlich während der ersten beiden Wochen nach der Pflanzung (28. 4. bis 10. 5. 1958) auf. Die Pflanzen zeigten zunächst ein allmähliches Kräuseln und Welken der Nadeln und dann ein Eintrocknen und eine Bräunung der Kurztriebe, die das Absterben der oberirdischen Pflanzenteile zur Folge hatte. Anfangs wiesen 65% der Versuchspflanzen

dieses Erscheinungsbild auf. Sie wurden daher von uns als verlustig angesehen. Im Laufe der frühsommerlichen Vegetationsperiode regenerierten jedoch 21% der Pflanzen (bezogen auf alle Versuchspflanzen). Da ihre Triebe total vertrocknet waren, erfolgte der Neuaustrieb aus dem Wurzelhals.
Offenbar waren die empfindlichen, einjährigen Stecklingspflanzen, die in geschützten Anzuchtbeeten der Fa. Hesse in der atlantischen Ebene Ostfrieslands aufgewachsen und zur Zeit der Verpflanzung bereits stark ausgetrieben waren, den ungleich härteren Lebensbedingungen der Forstkulturen im Bergland nicht genügend angepaßt.
Unmittelbar nach der Pflanzung setzte eine kurzfristige Witterungsperiode mit relativ hohen Tagesamplituden ein. Tagsüber herrschte klares Sonnenwetter mit intensiver Einstrahlung und nachts fielen die Temperaturen an einigen Tagen in Bodennähe der Kulturen auf —4° C ab. Die ungünstige Kombination dieser Witterungsfaktoren, der schroffe Kälte-Wärme-Wechsel, dürfte die hohen Ausfälle verursacht haben. Voraussetzung war natürlich die Empfindlichkeit der zarten einjährigen Stecklingspflanzen, die noch während der Anwuchsperiode unmittelbar nach der Pflanzung gesteigert wurde.
Im folgenden Jahr (1959) wies die Versuchsfläche Herdringen/Hackenberg, wenn auch indirekt, erneut auf die große Gefährdung der einjährigen Stecklingspflanzen durch extreme bodennahe Witterungseinflüsse hin. Die gesunden Pflanzen der Fläche hatten, nunmehr zweijährig, Höhen von 30 bis 40 cm erreicht. Sie waren infolge einer günstigen Wetterperiode relativ weit ausgetrieben, als in den Nächten vom 20. bis 22. April Bodenfröste mit Minimumtemperaturen von —4° C einsetzten. Frostschäden in Form von leichter Kräuselung und Eintrocknung der Nadeln zeichneten sich nur an den unteren Partien der Pflanzen ab, eine Folge der in unmittelbarer Bodennähe gelegenen Kaltlufteinwirkung. Einjährige Stecklinge wären auf ganzer Höhe von diesem Bodenfrost betroffen und geschädigt worden.
Als sehr lehrreiches und zugleich warnendes Beispiel für die Größe des Risikos bei der Pflanzung von einjährigen Stecklingspflanzen mag hier vorweg der Flächenanbauversuch Ammeloe aus dem Jahre 1959 angeführt werden (s. S. 28). Nahezu die gesamten Versuchspflanzen wurden hier im ersten Versuchsjahr durch extrem ungünstige Witterungsverhältnisse vernichtet.
Im Gegensatz zur Fichte bietet die Pflanzung von vier- und mehrjährigen Pflanzen, wie die Erfahrungen bei den Streuversuchen gezeigt haben, nicht mehr Sicherheit als eine Zwei- oder Dreijährigen-Pflanzung. Da diese älteren Pflanzen nur mit Ballen gepflanzt wurden, bleibt noch zusätzlich die Frage offen, ob eine wurzelnackte Pflanzung wegen der Größe der Pflanzen (schon dreijährige Pflanzen sind meist höher als 70 cm) ohne Rückschnitt überhaupt noch empfehlenswert ist.
Gegen eine Vier- oder Mehrjährigen-Pflanzung sprechen zudem finanzielle, transport- und arbeitstechnische Gründe.

3. Wuchsleistungen

Laufende Messungen des Höhenzuwachses der *Metasequoia* wurden auf der Versuchsfläche Herdringen/Hackenberg nach jeder Vegetationsperiode vom Herbst 1958 bis 1963 durchgeführt. Die Ergebnisse sind in den Tab. 5 und 6 zusammengestellt. Über den angegebenen Zeitraum hinaus wurde der Zuwachs nicht mehr gemessen, da die Pflanzen aus dem kritischen Bereich der Anwuchsperiode herausgewachsen waren und nunmehr eine hervorragende Wüchsigkeit aufzuweisen hatten. Auf Feld II (s. Tab. 5 und 6) wurde bereits im Jahre 1962 infolge der großen Ausfälle auf weitere Zuwachsmessungen verzichtet. Die Werte der relativ wenigen noch lebenden Pflanzen hätten hier kein gesichertes Durchschnittsresultat ergeben.

Tab. 5 *Durchschnittliche Höhenwuchsleistungen der Metasequoia-Pflanzen auf der Versuchsfläche Herdringen/Hackenberg*
(Feld I = NO-Hang, Feld II = Plateau)

Art der Versuchspflanzung		Wuchsleistung in cm: 1958	1959	1960	1961	1962	1963
Erstpflanzung 1958	Feld I	20,0	35,0	46,0	5,0	24,0	54,0
mit 1jährigen Stecklingspflanzen	Feld II	12,6	21,2	73,2	3,0	nicht festgestellt	
Nachpflanzung 1959	Feld I	.	24,0	21,0	25,0	49,0	25,0
mit 2jährigen Stecklingspflanzen	Feld II	.	23,7	21,0	40,0	nicht festgestellt	
Nachpflanzung 1960	Feld I	.	.	12,5	6,5	23,0	29,0
mit 2jährigen Stecklingspflanzen	Feld II	.	.	16,0	— 2,0	nicht festgestellt	

Tab. 6 *Durchschnittliche Gesamthöhen der Metasequoia-Pflanzen auf der Versuchsfläche Herdringen/Hackenberg*
(Feld I = NO-Hang, Feld II = Plateau)

Art der Versuchspflanzung		Gesamthöhen in cm zu Ende der Vegetationszeiten: 1958	1959	1960	1961	1962	1963
Erstpflanzung 1958	Feld I	30,0	65,0	111,0	116,0	140,0	194,0
mit 1jährigen Stecklingspflanzen	Feld II	22,6	43,8	117,0	120,0	nicht festgestellt	
Nachpflanzung 1959	Feld I	.	69,0	90,0	115,0	164,0	189,0
mit 2jährigen Stecklingspflanzen	Feld II	.	69,0	90,0	130,0	nicht festgestellt	
Nachpflanzung 1960	Feld I	.	.	70,5	77,0	100,0	127,0
mit 2jährigen Stecklingspflanzen	Feld II	.	.	64,0	62,0	nicht festgestellt	

In den ersten 5 Jahren nach der Pflanzung machten die Metasequoien der Versuchsfläche keineswegs den Eindruck eines sehr guten Gedeihens. Die Wuchsleistungen waren zum Teil gut, zum Teil aber auch unbefriedigend. Neben der bekannten Wachstumshemmung infolge von Verpflanzung und witterungsbedingten Störungen liegt diesen Verhältnissen in besonderem Maße eine stark auftretende Pilzerkrankung im Frühjahr 1961 zugrunde, die den gesamten Pflanzenbestand der Versuchsfläche befallen hatte (s. S. 22). Abgesehen von den Totalausfällen wurde die Mehrheit der Pflanzen durch diesen Pilzbefall so stark geschädigt, daß große Teile der Leit- und Seitentriebe abstarben oder daß die Bäumchen sogar bis auf die Stammbasis eingingen und im Verlauf des Jahres wieder von unten austreiben mußten. Somit wurden zum Teil nicht einmal die Höhenwerte des Vorjahres erreicht (Tab. 5 und 6, Nachpflanzung 1960, Feld II).

Als nach diesem stockenden Wachstum mit Rückschlägen größeren oder kleineren Ausmaßes die Metasequoien jedoch Höhen von 1,50 bis 2,00 m erreicht hatten, setzte eine ungeahnte Wüchsigkeit mit jährlichen Zuwachsleistungen von 50 bis 130 cm ein. Diese Leistungen dauern bis zur Gegenwart an.

4. *Ausfälle und ihre Ursachen*

Auf dem Versuchsfeld Herdringen/Hackenberg wurden insgesamt 2195 Metasequoien ausgepflanzt. Die letzte Auszählung zu Ende des Jahres 1964, die noch die heutigen Verhältnisse repräsentiert, ergab die geringe Anzahl von 441 gesunden und nunmehr gutwüchsigen Pflanzen. Im Laufe der 7 ersten Versuchsjahre sind also 80% der Versuchspflanzen eingegangen.

Diese enorm hohe Verlustquote war zum Teil eine unausbleibliche Folge des Experimentierens. So wurde z. B. ohne Rücksicht auf spätere Ausfälle auch an solchen Standorten der Versuchsfläche nachgepflanzt, die bereits bei der Erstbepflanzung auf Grund der hohen Verlustziffern und des schlechten Gedeihens gezeigt hatten, daß sie höchstwahrscheinlich ungeeignet für die *Metasequoia*-Kultur seien (z. B. Plateaulage). Erst der zweite Versuch, die Nachpflanzung, sollte uns endgültige Gewißheit verschaffen. Bei einem solchen Experiment müssen zwangsläufig hohe Verlustquoten auftreten.

Eine weitere Ursache für die hohen Ausfälle ist die Erstbepflanzung der gesamten Versuchsfläche mit bewurzelten einjährigen Stecklingspflanzen, von denen zu Ende des ersten Versuchsjahres nicht weniger als 46% abgestorben waren. Bei der Erörterung der verschiedenen Pflanzverfahren (S. 18) wurde bereits auf die Bedeutung des entwicklungsphysiologischen Zustands für den Grad der Schädigung und die Höhe der Ausfälle hingewiesen.

a) Klimatogene Schäden und Ausfälle

Die härtesten witterungsbedingten Anforderungen an die Metasequoien der Versuchsfläche Herdringen/Hackenberg stellte das Jahr 1959 mit seinen Spätfrösten im letzten Drittel des Monats April und mit der sommerlichen Trockenperiode. Trotz dieser extremen Verhältnisse fielen nur 10% der Pflanzen aus. Die relativ geringen Verluste hängen sicherlich damit zusammen, daß keine einjährigen Pflanzen mehr auf der Versuchsfläche vorhanden waren. Die großen Lücken unter der vorjährigen Kultur waren Anfang April unvollständig mit zweijährigem Pflanzgut ausgebessert.

Dabei zeigte sich, daß die weitaus größeren Verluste dieses Jahres an den Nachbesserungspflanzen auftraten. In der Anwuchsperiode befindlich, waren sie mehr als die anderen Pflanzen gefährdet. Infolge der Spätfröste verloren sie sämtliche Nadeln und mußten in der Folgezeit wieder neu austreiben, während die vorjährigen Pflanzen nur ganz geringe Frostschäden in Bodennähe davontrugen. Die Nachbesserungspflanzen gingen also stark geschwächt in die sommerliche Hitze- und Trockenperiode hinein, und es ist selbstverständlich, daß gerade sie zu Ende des Jahres die weitaus größeren Verluste aufzuweisen hatten.

b) Zoo- und phytogene Ausfälle

Weitere, jedoch unbedeutende Schäden wurden durch Wildschweine, die mehrmals das stabile Gatter der Versuchsfläche durchbrachen, und durch nachfolgendes Rehwild verursacht. Während das Rehwild nur unbedeutende Verbißschäden anrichtete, verursachten die Wildschweine partiell durch intensives Wühlen vereinzelte Ausfälle.

Entgegen allen Befürchtungen wurden Mäuse-Fraßschäden auf der Versuchsfläche Herdringen/Hackenberg nur ganz selten festgestellt, obwohl der Herbst 1961 eine Massenvermehrung von Mäusen im Revier mit sich brachte. Eine in unmittelbarer Nähe der Versuchsfläche gelegene Roteichenkultur hatte dagegen wiederholt erhebliche Fraßschäden aufzuweisen. Vielleicht war die Roteichenrinde für die Mäuse schmackhafter als die Rinde der *Metasequoia*, so daß aus diesem Grunde die *Metasequoia*-Kultur verschont blieb. Zudem war gerade im Sommer 1961 auf der Versuchsfläche intensiv gejätet und damit das bevorzugte Schlupfwinkelgewirr der Mäuse zerstört worden.

Abgesehen vom ersten Versuchsjahr muß hinsichtlich der Höhe der Ausfälle das Jahr 1961 besonders erwähnt werden. In diesem Jahre traten nicht nur durch den bereits erwähnten Pilzbefall die größten Wachstumsstörungen, sondern auch die höchsten Verluste auf.

Dieser Pilzkrankheit, die den gesamten unvollständig nachgebesserten Pflanzenbestand befallen hatte, fielen 39% der Versuchspflanzen zum Opfer.

Das Krankheitsbild war sehr auffällig: Anfang Mai trockneten innerhalb weniger Wochen sämtliche Austriebe der Pflanzen ein und fielen ab, so daß der ganze Bestand vollkommen abgestorben schien. Die Rinde der Bäumchen färbte sich partiell in übereinanderliegenden Zonen dunkelbraun. Bei Längsschnitten durch die verholzten Haupt- und Seitentriebe war diese partielle Erkrankung der Rinde, die mit gesunden Zonen abwechselte, sehr deutlich zu erkennen. Teilweise war unter der erkrankten Rinde sogar das Holz in Mitleidenschaft gezogen, was sich ebenfalls durch Braunfärbung äußerte.

Die mikroskopische Untersuchung sowohl der Rinde als auch des Holzes der erkrankten Zonen ergab eine starke Anreicherung von Basidiomyceten-Hyphen. Ob eine oder mehrere Basidiomyceten-Arten an dem Befall beteiligt waren, konnte nicht entschieden werden.

Ebenfalls muß in diesem Zusammenhang die Frage nach einer Primär- oder Sekundärinfektion offengelassen werden. Zum Teil wurden nadelkopfgroße Einstiche von Insekten vorgefunden, die von einem mehr oder weniger großen Pilzinfektionshof umgeben waren. In solchen Fällen deuteten die Verhältnisse auf eine Sekundärinfektion hin, deren Infektionsherd die Einstichstelle war. Solche Einstichstellen wurden aber nicht generell festgestellt.

Bemerkenswert ist, daß ähnliche Krankheitserscheinungen zur gleichen Zeit in den Herdringer Revieren auch an Lärchen auftraten.

Die Ursache dieses epidemischen Pilzbefalles ist unbekannt. Es läßt sich aber mit Wahrscheinlichkeit sagen, daß seine Massenausbreitung durch die ungewöhnlichen Witterungsbedingungen des ausgehenden Winters und des beginnenden Frühjahrs 1961 gefördert wurden. Die Niederschläge waren in den Monaten März, April und Mai überdurchschnittlich hoch (Tab. 4), und das gilt in steigendem Maße auch für die mittleren Temperaturen der Monate Februar, März und April (Tab. 3). Diese Witterungsverhältnisse bildeten eine äußerst günstige Voraussetzung für das Wachstum und die Ausbreitung der phytopathogenen Pilze.

Aus der spärlichen Literatur über Pilzschäden an der *Metasequoia* sind bisher nur zwei Infektionsfälle bekannt, einmal der Befall eines Bäumchens in Schweden (PALM, 1952) durch *Botrytis cinerea* und zum anderen das Auftreten von *Pestalotia* spec. auf einer jungen *Metasequoia* in Japan (MIZUKAMI und SAIKI, 1959). LI berichtet 1964, daß bisher in Amerika noch kein Fall einer Pilzinfektion beobachtet sei.

An einer *Metasequoia* im Nikitskii-Botanischen Garten (Rußland) untersuchte GUTESVISCH 1960 eine umfangreiche Pilzflora von 35 Arten, die auf dem Baum lebte, ohne ihn zu schädigen. LI (1964) glaubt auf Grund dieser Tatsache und der wenigen bisher bekannten Schadensfälle, eine besondere Pilzresistenz der *Metasequoia* annehmen zu können.

Demgegenüber stellte das Institut für Forstliche Mykologie und Holzschutz in Hann. Münden unter Prof. Dr. ZYCHA (DIETERICH, 1955) fest, daß die Anfälligkeit des *Metasequoia*-Holzes gegen einige häufig auftretende holzzerstörende Pilze (*Coniophora cerebella* Stamm C 57, *Lenzites abietina* Stamm P 2 und *Poria vaporaria* Stamm P 201) größer sei als das der Fichte und Lärche. Allerdings stand für diese Untersuchungen nur Jungholz und kein verkerntes Altholz zur Verfügung. Das Ergebnis dieser Untersuchungen aus Hann. Münden und unsere negativen Erfahrungen aus dem Jahre 1961 deuten für den nordwestdeutschen Raum keineswegs auf eine besondere Pilzresistenz der *Metasequoia* hin.

5. *Regenerationsvermögen*

Der Pilzbefall im Jahre 1961 hinterließ auf der Versuchsfläche zwar hohe Verluste, zeigte aber zugleich das einmalige Regenerationsvermögen der Metasequoien in einem bisher nicht bekannten Ausmaß. Jeder, der den Bestand Mitte Mai gesehen hatte, war mit uns der einhelligen Meinung, daß bestenfalls nur noch vereinzelte Pflanzen durchkommen würden und die Versuchskultur als gescheitert aufgegeben werden müßte. Da aber die Stammbasis eines großen Teils der Pflanzen noch gesund war, sollte vorerst der Versuch gemacht werden, die erkrankten Stämmchen bis auf den Wurzelhals zurückzuschneiden, um einerseits das Übergreifen der Pilzkrankheit auf die Stammbasis zu verhindern und andererseits einen Stockausschlag zu ermöglichen. Die Schnittflächen der Stöcke sollten gegen erneuten Pilzbefall mit Dithane bespritzt und das abgeschnittene Material aus Gründen der Infektionsgefahr verbrannt werden.
Im Verlauf dieser Arbeit stellte sich heraus, daß viele Versuchspflanzen an den gesunden Stellen der Triebe erneut Knospen ausbildeten. Daraufhin wurde, als bereits ein Drittel der Pflanzen zurückgeschnitten war, die Arbeit eingestellt.
Bei einer Besichtigung der Kultur am 5. Juli stellte sich heraus, daß bereits 61% der Metasequoien regeneriert waren. Die zurückgeschnittenen Pflanzen hatten aus dem Stock mehrere 10–20 cm lange Neutriebe gebildet (Abb. 3). Auch ein großer Teil der Metasequoien ohne Rückschnitt war wieder ergrünt. Die vielen, lokal begrenzetn Schadstellen hatten jedoch einen unregelmäßig schütteren Austrieb zur Folge, der auch noch im nächsten Jahr an Hand der lockeren Verzweigung zu erkennen war (Abb. 4). Allerdings konnte man im zweiten Jahr nach dem Pilzbefall solche Nachwirkungen auf die Wuchsform der Pflanzen nicht mehr feststellen.

Abb. 3
Stockausschlag einer *Metasequoia* 2 Monate nach dem Pilzbefall im Jahre 1961 auf der Versuchsfläche Herdringen/Hackenberg

Abb. 4
Unregelmäßig schütter verzweigte *Metasequoia* 14 Monate nach dem Pilzbefall auf der Versuchsfläche Herdringen/Hackenberg

Die vorliegenden Verhältnisse weisen auf eine intensive kambiale Tätigkeit und ein Regenerationsvermögen der *Metasequoia* hin, das unter den bisher bei uns angebauten Nadelhölzern einmalig sein dürfte. In der Hinsicht ist der Baum durchaus mit den regenerationsfähigsten Laubhölzern wie Pappel, Weide etc. zu vergleichen.
Dieses Regenerationsvermögen zeigte sich zwar nach dem Pilzbefall in besonderem Maße und Umfang, war uns aber bereits aus vorherigen Beobachtungen nach Frost-, Dürre- und Verbißschäden bekannt.
Auf der außerordentlich guten vegetativen Reproduktion basiert auch die leicht durchführbare Stecklingsvermehrung, die erstmalig in England praktiziert wurde (Kemp, 1948), und heute in der westlichen Welt allgemein üblich ist (s. auch Pam, 1950, und Hasegawa, 1951).
Es soll im Zusammenhang mit den vegetativen Reproduktionsvorgängen noch auf ein Phänomen hingewiesen werden, das wir des öfteren an den Metasequoien unserer Versuchsfelder beobachten konnten, nämlich die Zwieselbildung. Sie kommt, soweit wir das bisher beurteilen können, zum Teil durch herbstliche Frostschädigung des Leittriebs in Verbindung mit dem guten Regenerationsvermögen der *Metasequoia* zustande.
Der Baum stellt besonders in feuchten Jahren das Spitzenwachstum erst verhältnismäßig spät ein. Daher ist die äußerste Spitze des Leittriebs oft noch ungenügend verholzt, wenn schon starke herbstliche Fröste auftreten. Frostschädigung des Leittriebs und reichlicher Austrieb von Seitenknospen im nächsten Jahr sind die Folgen. So kommt es zum Zwiesel- und in manchen Fällen sogar zum Büschelwuchs, die aber in den Folgejahren durch Übergipfelung meist wieder behoben werden.

6. Einfluß einzelner Standortfaktoren

a) Auswirkungen der Expositionen

Die Versuchsfläche Herdringen/Hackenberg wurde mit Absicht so angelegt, daß sie sich von einem Plateau abwärts bis zum mittleren NO-Hang erstreckte. Damit war die Voraussetzung für eine exakte Versuchsauswertung hinsichtlich der Expositionseinflüsse gegeben.
Diese Versuche zeigten ebenso deutlich wie die Streuversuche, daß sich die oroklimatischen Bedingungen des sonnenabseitigen NO-Hanges (Feld I) erheblich günstiger auf die Versuchskultur auswirkten als die Standortverhältnisse des Plateaus (Feld II). Das betrifft nicht nur die Wuchsleistungen in den ersten Versuchsjahren, sondern auch die Anzahl der Ausfälle und die Intensität der klimatisch bedingten Schädigungen. Eine Übersicht über die Höhe der Ausfälle des Pflanzungsjahres 1958 und die durchschnittlichen Wuchsleistungen der ersten drei Versuchsjahre auf den beiden Expositionen gibt die Abb. 5.
Bemerkenswert ist dabei – und das kommt auch in den Tab. 5 und 6 zum Ausdruck –, daß die Zuwachswerte am NO-Hang von Jahr zu Jahr regelmäßig anstiegen (mit einer Zäsur im Pilzjahr 1961). Demgegenüber zeigte die Kultur auf dem Plateau in den ersten zwei Jahren nach der Pflanzung ein gehemmtes Wachstum, bis im dritten Jahr eine schlagartige Zügigkeit eintrat und die Pflanzen am NO-Hang eingeholt oder sogar überrundet wurden.
Dieses Phänomen läßt sich damit erklären, daß sich die schlechteren Standortverhältnisse des Plateaus vergleichsweise in den kritischen Anwuchsjahren besonders ungünstig auf das Gedeihen der Metasequoien auswirkten. Das hatte zwangsläufig eine stärkere Auslese zur Folge. Nur die kräftigsten Pflanzen überstanden die ungleich härteren Lebensbedingungen, was sich nach Überwinden der kritischen Phase in der plötzlich ansteigenden Zügigkeit bemerkbar machte.

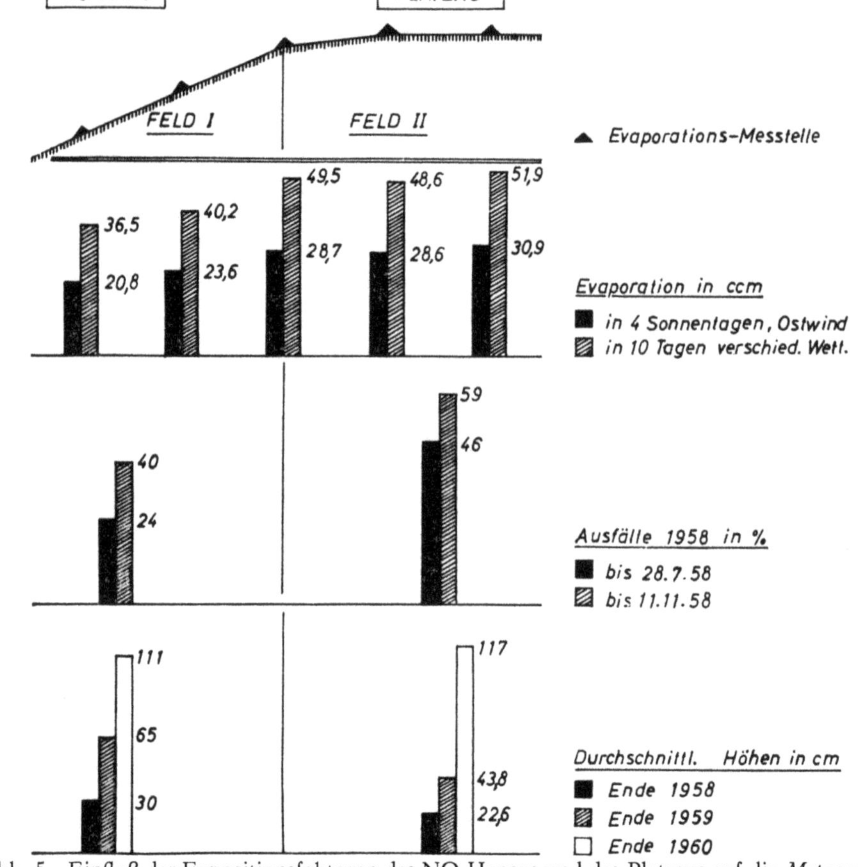

Abb. 5 Einfluß der Expositionsfaktoren des NO-Hanges und des Plateaus auf die *Metasequoia*-Kulturen der Versuchsfläche Herdringen/Hackenberg
(Die Messungen der potentiellen Evaporation wurden fortlaufend vom 29. 8. bis 9. 9. 1961 durchgeführt.
Ihre Verdunstungswerte sind Durchschnittswerte von je 3 Piche-Evaporimetern an einer Meßstelle).

Heute bestehen zwischen der Wuchsfreudigkeit der Metasequoien auf den Versuchsfeldern am Hang und auf dem Plateau keine Unterschiede mehr. So zeigt sich also auch hinsichtlich der Expositionsfaktoren das Jugendstadium der Pflanzen als die kritische Phase.

Von allen Komponenten des Standortklimas am sonnenabseitigen Hang dürften insbesondere drei Faktoren als wesentlich für das bessere Gedeihen der *Metasequoia* hervorzuheben sein. Es sind im Vergleich zu Plateaulagen oder südlich exponierten Hängen:

1. schwächere Einstrahlung, besonders im Frühjahr, zur Pflanzzeit,
2. kleinere Licht-, Temperatur- und Feuchtigkeitsschwankungen,
3. vorteilhafterer Wasserhaushalt.

Der letztgenannte Faktor, der im wesentlichen aus den beiden ersten resultiert, ist für eine feuchtigkeitsbildende Art von ausschlaggebender Bedeutung. Er hängt nicht etwa mit einer größeren Wasserzügigkeit des NO-Hanges zusammen – dafür liefern die Bodenprofile keinen Beweis –, sondern in erster Linie mit der Einschränkung der

potentiellen Evaporation (maximal mögliche Verdunstung). Die absinkenden Evaporationswerte der Abb. 5 zeigen deutlich diese Einschränkung gegenüber der Plateaulage. Infolgedessen sind auch die Anforderungen an die *Metasequoia* hinsichtlich der Transpiration am NO-Hang erheblich geringer. Diese lokalklimatischen Verhältnisse wirken sich naturgemäß auch positiv auf die Krumenfeuchtigkeit des Bodens aus, so daß die Wasserbilanz für die *Metasequoia* am NO-Hang günstiger als auf dem Plateau ausfällt.
Es ist bemerkenswert, daß die lokalklimatischen Ansprüche der *Metasequoia* diesbezüglich weitgehende Übereinstimmungen mit den Verhältnissen am natürlichen Wuchsort im Shui-hsa-Tal aufweisen. Chu und Cooper (1950) erwähnen in ihrer Standortbeschreibung die Stagnation von feuchten Luftmassen im Tal und weisen auf Grund der umgebenden hohen Bergmassive auf die verkürzte Dauer der direkten Sonneneinstrahlung hin. Beide lokalklimatischen Faktoren haben auch dort am natürlichen Wuchsort eine erhebliche Einschränkung der Transpiration zur Folge.

b) Auswirkungen von Trockenheit und Dürreresistenz

Wenn auch unsere bisherigen Untersuchungen und Beobachtungen immer wieder auf die Vorliebe der *Metasequoia* für feuchte Standortverhältnisse hinausgehen, so zeigten doch die Kulturen auf der Versuchsfläche Herdringen/Hackenberg im Jahre 1959 eine nicht erwartete Trockenresistenz. Die relativ geringen Ausfälle des Jahres 1959 in Höhe von 10%, die nicht einmal allein auf Kosten der sommerlichen Trockenperiode, sondern vielmehr auf die Doppelbelastung der neugesetzten Ausbesserungspflanzen durch Spätfrost mit anschließender Dürre zurückgingen, liefern dafür einen eindeutigen Beweis. (Es sei nochmals erwähnt, daß zu dieser Zeit nur 2½jährige und keine 1jährigen Pflanzen auf der Fläche vorhanden waren.)
Um die Trockenresistenz der Pflanzen am Standort zu überprüfen, wurden auf der Versuchsfläche im letzten Viertel der sommerlichen Trockenperiode, am 11. 9. und 5. 10. 1959, Bodenproben zur Bestimmung des Wassergehaltes entnommen. Die Proben stammten aus den Wurzelhorizonten von fünf Entnahmestellen, jeweils aus 10, 20 und 50 cm Bodentiefe.

Tab. 7 Wassergehalt der Böden der Metasequoia-Versuchsfläche Herdringen/Hackenberg am 11. 9. und 5. 10. 1959 (letztes Viertel der sommerlichen Trockenperiode)
Die Probeentnahmestellen A bis E lagen in etwa gleichen Abständen vom Plateau in NO-Richtung hangabwärts bis zum Mittelhang

Bodentiefe in cm	Wassergehalt des Bodens in % an den Probeentnahmestellen: A	B	C	D	E	Tag der Probeentnahme
10	19,8	23,0	22,6	24,0	23,0	11. 9. 1959
20	16,0	17,0	17,0	18,2	17,4	
50	15,3	12,1	10,5	13,7	12,3	
10	13,4	18,0	15,9	18,6	16,6	5. 10. 1959
20	10,0	13,8	10,7	15,5	13,9	
50	9,7	10,0	8,8	10,0	9,8	

Die Ergebnisse dieser Wassergehaltsbestimmungen bringt die Tab. 7. Sie vermittelt u. a. zwei Tatsachen, die für eine nicht zu unterschätzende Dürreresistenz sprechen:
1. Zur Zeit der stärksten Auswirkungen der Trockenperiode (Messungen vom 5. 10. 1959) war in 50 cm Bodentiefe nur noch ein minimaler Wassergehalt von 10,0 bis 8,8%

vorhanden. Das entspricht im Durchschnitt 13,9% der Wasserkapazität dieser Böden. 2. Die in unserem Klimagebiet typische Zunahme des Bodenwassergehaltes vom Ober- zum Unterboden hin zeigte hier eine Inversion, die mehr den subtropischen Verhältnissen entspricht. Sie kam dadurch zustande, daß dem stark ausgetrockneten Boden hin und wieder ganz geringe Mengen Niederschlag zugeführt wurden, die nicht bis zum Unterboden vordringen konnten. Diesen Verhältnissen entsprechend bildeten die Versuchspflanzen während der Trockenperiode zusätzlich ein horizontal orientiertes, dicht unter der Erdoberfläche gelegenes Wurzelwerk aus.

Es ist allerdings wahrscheinlich, daß mit dieser extremen Trockenperiode die Grenze der zumutbaren Anforderungen an die *Metasequoia* erreicht wurde. Noch stärkere Austrocknung des Bodens, wie sie zum Teil bei den Streuversuchen auf flachgründigen Rankerböden unter Schirm zu verzeichnen war, hatte erhebliche Verluste zur Folge (s. auch Flächenanbauversuch Ammeloe).

Auf Grund der vorliegenden Beobachtungen und Untersuchungen kann zusammenfassend gesagt werden, daß die ökologische Amplitude der *Metasequoia* hinsichtlich der Bodenfeuchtigkeit sehr groß ist, vorausgesetzt, daß sich die Pflanze nicht in der unmittelbaren Anwuchsperiode nach der Verpflanzung befindet. Dennoch zeigt sie auch bei uns, im atlantisch-subatlantischen Raum, eine ausgesprochene Vorliebe für feuchtere Standortverhältnisse.

C. Flächenanbauversuch Ammeloe

1. Lage und Standort

Die Versuchsfläche Ammeloe wurde uns vom Landschaftsverband Westfalen-Lippe zur Verfügung gestellt[4]. Sie liegt im Westen der Westfälischen Bucht nahe der niederländischen Grenze im Kreis Ahaus.

Mit der Einrichtung dieser Fläche sollte der Versuch gemacht werden, die *Metasequoia* unter besonders ungünstigen lokalklimatischen und edaphischen Standortbedingungen zu kultivieren.

Die Ungunst des Lokalklimas äußert sich vor allem in der Häufigkeit und Intensität von Spätfrösten als Folge von Kaltluftstauungen. Spätfrostempfindliche Gehölze konnten hier bisher nicht mit Erfolg angebaut werden.

Der Boden besteht aus stark podsolierten fluvioglazialen Sanden (Tab. 8). Podsolierung und zeitweilig hoch anstehender Grundwasserspiegel führten zur Ausbildung eines nährstoffarmen Gley-Podsols mit folgendem Profilaufbau:

A_0	2 cm	Heide-Rohhumus.
$A_{1/2}$	20 cm	Grauschwarzer, humoser Sand mit Einzelkorngefüge, von Heidekraut durchwurzelt.
B	10 cm	Stark verfestigte braunschwarze Humusorterde.
Bg	23 cm	Rostbraune Humuseisenorterde mit erbsengroßen Konkretionen und vereinzelten Bleichherden.
G_1	40 cm	Weißlig-grauer einzelkörniger Sand mit Rostfleckung.
G_2		Grauer bis leicht grünlicher Sand, Einzelkorngefüge.

Vegetationskundliche Untersuchungen weisen die Versuchsfläche als Standortbereich des potentiellen natürlichen Eichen-Birkenwaldes in wechselfeuchter Subassoziation *(Querco-Betuletum molinietosum)* aus. Nach dem Abtrieb schlechtwüchsiger Kiefern

[4] Der Landschaftsverband Westfalen-Lippe übernahm dankenswerterweise auch die Anschaffungskosten für die Versuchspflanzen.

Tab. 8 Korngrößenfraktionen in % der Feinerde und Bodenreaktion der Versuchsfläche Ammeloe (Durchschnittswerte aus 3 Bodenprofilen)

Horizont	Rohton	Schluff	Feinsand	Grobsand	pH in H_2O
$A_{1/2}$	4,5	2,5	35,9	57,1	3,3
B	4,0	3,1	37,8	55,1	3,8
Bg	1,8	0,9	32,8	64,5	4,0
G_1	1,4	2,4	31,9	64,3	4,2

(Pinus silvestris) erster Generation lag sie mehrere Jahre brach. In dieser Brachzeit hatte sich eine feuchte Heidegesellschaft *(Calluno-Genistetum molinietosum)* mit einer Reihe von Störungs- und Regenerationszeigern angesiedelt.
Pflanzensoziologische Aufnahme des *Calluno-Genistetum molinietosum* auf der Versuchsfläche Ammeloe am 8. 10. 1959: Bodenbedeckung 95%.

Charakterarten der Heide:

Calluna vulgaris	2
Genista anglica	+
Ptilidium ciliare	+
Potentilla erecta	+

Feuchtigkeits- und Nässeanzeiger:

Molinia coerulea	3
Erica tetralix	3
Carex panicea	+

Waldpioniere (Regeneration):

Betula alba	2
Betula pubescens	+
Salix aurita	+
Rhamnus frangula	+
Pinus silvestris Klge.	+
Dryopteris austriaca ssp. *spinulosa*	+

Störungsanzeiger (Schlagpflanzen):

Rumex acetosella	1
Juncus effusus	1
Senecio silvaticus	+
Epilobium angustifolium	+
Calamagrostis epigeios	+
Cirsium palustre	+

Übrige Begleiter:

Holcus mollis	1
Agrostis tenuis	+
Agrostis alba	+
Festuca ovina	+
Polytrichum attenuatum	+
Pleurozium schreberi	+

Neben dieser Hauptversuchsfläche wurde ganz in der Nähe unter vergleichbaren edaphischen und klimatischen Bedingungen eine kleinere Versuchsfläche für eine Unterschirmpflanzung mit Seitenschutz eingerichtet. Die Fläche liegt lichtungsartig inmitten eines Alteichen-Fichtenbestandes und ist mit einzelnen 60jährigen Eichenüberhältern bestockt, deren Schlußgrad zwischen 0,3 und 0,4 wechselt.
In der Zeit vom 6. bis 9. April 1959 wurden beide Teilflächen mit 10–15 cm großen einjährigen Metasequoien im 2×2 m-Verband bepflanzt. Die Kahlfläche erhielt 2350 und die Schirmfläche 150 Versuchspflanzen.

2. *Versuchsergebnisse*

Die Auszählung zu Ende des ersten Versuchsjahres ergab auf beiden Teilflächen folgendes Ergebnis:

Kahlfläche: von 2350 Pflanzen lebten noch 60 = 2,6%
Schirmfläche: von 150 Pflanzen lebten noch 116 = 77,3%

Für die Kahlfläche war das ein verheerendes und für die Schirmfläche ein gutes Ergebnis, wenn man berücksichtigt, daß einmal einjährige Pflanzen gesetzt wurden und zum anderen die Bepflanzung im Extremjahr 1959 erfolgte.
Die Ursachen für die hohen Ausfälle auf der Kahlfläche waren Spätfröste und die anschließende sommerliche Trockenperiode, die sich auf den grobdispersen Sandböden besonders intensiv ausgewirkt hat. Zur Zeit der Pflanzung waren die Metasequoien infolge der voraufgegangenen warmen Witterung (s. auch Tab. 5) bereits stark ausgetrieben. Sie verharrten in diesem Zustand bis zum 20. April, als zwei Nächte hintereinander Spätfröste mit Temperaturen von —8°C in Bodennähe der Versuchsfläche auftraten. Die Folge davon war, daß sämtliche Austriebe restlos erfroren. 47% der Pflanzen zeigten 5 Wochen darauf, als sich die Niederschlagsarmut des Frühjahrs schon bemerkbar machte, vereinzelte Neuaustriebe. Diese Austriebe wären ohne Zweifel zur vollen Entfaltung gekommen, wenn jetzt eine Feuchtwetterperiode eingesetzt hätte. Statt dessen stellten direkte Sonneneinstrahlung und zunehmende Bodentrockenheit weiterhin außergewöhnlich hohe Anforderungen an die geschwächten Pflanzen. Die Neuaustriebe entfalteten sich nur zögernd, blieben im Laufe des Sommers stecken und gingen in der überwiegenden Mehrzahl im Laufe des August und September, zum Teil aber auch schon vorher, ein.
Zur Zeit des Absterbens der Pflanzen hatte die Trockenheit ein solches Ausmaß erreicht, daß der normale Grundwasserstand der Kahlfläche von 60 auf 284 cm unter Flur abgesunken war. Dementsprechend hatte auch der Wassergehalt der oberen Bodenhorizonte ein Minimum aufzuweisen (Tab. 9, A–C). Auf Grund der groben Bodenfraktionierung lagen hier die Werte niedriger als in den Böden der Versuchsfläche Herdringen/Hackenberg (Tab. 7).

Tab. 9 Wassergehalt der Böden der Metasequoia-Versuchsfläche Ammeloe am 2. 9. und 2. 10. 1959
(letztes Viertel der sommerlichen Trockenperiode)

Bodentiefe in cm	Wassergehalt des Bodens in % an den Entnahmestellen: Kahlfläche A	Kahlfläche B	Kahlfläche C	Schirmfläche D	Tag der Probeentnahme
10	7,0	6,8	6,6	12,7	2. 9. 1959
20	7,5	7,3	7,2	12,3	
50	8,9	7,8	9,2	10,1	
10	7,0	6,0	6,3	10,2	2. 10. 1959
20	5,5	5,4	5,4	9,1	
50	7,2	4,3	5,6	9,8	

Im Vergleich zur Kahlfläche waren die Standortverhältnisse auf der Schirmfläche günstiger. Die tiefwurzelnden Eichenüberhälter konnten ihren Wasserkonsum aus dem Grundwasser decken. Sie machten daher den Versuchspflanzen keine Konkurrenz, sondern ganz im Gegenteil, sie wirkten sich auf Grund der partiellen Schattenbildung transpirationseinschränkend auf Pflanze und Boden aus. Der Wassergehalt der Böden war daher zur gleichen Zeit unter dem Eichenschirm höher als auf der Kahlfläche (Tab. 9, D).
Dementsprechend waren auch die Ausfälle unter den Versuchspflanzen der Schirmfläche relativ gering. Sie verteilten sich zudem nicht gleichmäßig über die ganze Fläche, sondern häuften sich im wesentlichen am Rande der Lichtung. Obwohl der umgebende

Eichen-Fichtenforst stärkeren Schatten spendete, waren hier die Böden trockener. Das war sicherlich eine Folge des Wasserentzugs durch die dichtere Baumbewurzelung, die sich vor allem an den Stellen der Waldränder bemerkbar machte, wo die flachwurzelnde Fichte horstartig gehäuft auftrat.

Neben den günstigen Auswirkungen während der Trockenperiode zeigte sich der Vorteil der Unterschirmpflanzung insbesondere zur Zeit der Spätfröste. Es waren hier im Gegensatz zu den katastrophalen Verlusten auf der Kahlfläche weder Frostschäden noch frostbedingte Ausfälle zu verzeichnen.

Die unterschiedlichen Anbauerfolge der Versuchskulturen auf den beiden Teilflächen in Ammeloe veranlaßten uns, da keine Mittel für eine Neubepflanzung mit zweijährigen Stecklingspflanzen vorhanden waren, die Kahlfläche aufzugeben und die erfolgversprechende Unterschirmkultur weiter zu beobachten.

Diese Kultur zeigte in der Folgezeit zwar etwas geringere Wuchsleistungen als auf mineralkräftigen Böden, sie hat sich aber dennoch hervorragend weiterentwickelt. Heute, nach 8 Jahren, beträgt die Durchschnittshöhe der Pflanzen 2,90 m. Das sind immerhin Wuchsleistungen von 36 cm pro Jahr, die beweisen, daß die *Metasequoia* auch auf den ärmsten Böden gedeihen kann. Außerdem zeigte die Versuchsanlage besonders deutlich den großen Vorteil der Unterschirmpflanzung gegenüber der Kahlflächenkultur in temperaturklimatisch ungünstigen Lagen.

D. Flächenanbauversuch Herdringen/Röhrtal

1. Lage und Standort

Die Versuchsfläche Herdringen/Röhrtal wurde unter Berücksichtigung unserer bisherigen Erfahrungen über die ökologischen Ansprüche der *Metasequoia* erst 1965 angelegt. Sie soll als möglichst zusagender Standort ein gutes Gedeihen der Versuchskulturen gewährleisten und somit unsere Untersuchungsergebnisse in der Praxis bestätigen. Besonderer Wert wurde dabei dem Feuchtigkeitsfaktor des Bodens im Hinblick auf die Wasserkapazität und dem Grundwasserstand zugemessen. Sowohl Bodenart als auch Bodentyp der vorliegenden Versuchsfläche zeigen diese günstigen Voraussetzungen. Die Bodenart besteht aus 1,00–1,50 m mächtigen Aue-Lehmen, die über Kiesbänken der Niederterrasse liegen, und der Bodentyp ist ein typischer Gley mit einem normalen Grundwasserstand von 1,00 bis 1,30 m unter Flur. Er zeigt folgenden Profilaufbau:

A	35 cm	Graubrauner, humoser, feinsandiger Lehm mit gutem Krümelgefüge, pH 6,5.
G_1	40 cm	Stark rostfleckiger, feuchter Lehm mit Bröckel- bis Polyedergefüge, pH 6,9.
G_2	16 cm	Grauer, nur noch wenig rostbraun gefleckter Lehm mit schwach ausgeprägtem Polyedergefüge.
G_3		Graugrüner Reduktionshorizont aus schwerem Lehm, zur Tiefe hin mit Kiesbänken durchsetzt, ohne deutliches Gefüge.

Die Fläche liegt in der Nähe des Schlosses Fürstenberg-Herdringen, etwa 180 m ü. N. N., im Tale des Röhr-Baches. Sie ist in sich eben, wird aber nach Westen hin von einem Terrassenhang mit anschließend steigendem Berggelände begrenzt. Standortklimatische Meßergebnisse liegen nicht vor, jedoch deuten wiederholte Beobachtungen auf eine leichte Spätfrostgefährdung hin. Die Temperatur- und Niederschlagsverhältnisse dürften mit unbedeutenden Abweichungen den Werten der Tab. 3 und 4 entsprechen.

Vom Standpunkt der Vegetationskunde ist zu erwähnen, daß es sich bei der Anlage um eine Wiesenaufforstung handelt. Die Wiese gehört als Ersatzgesellschaft des potentiellen feuchten Eichen-Hainbuchenwaldes *(Querco-Carpinetum)* zum Typ der frischen Glatthaferwiesen *(Arrhenatheretum elatioris)*.
Die Bepflanzung der Fläche erfolgte am 12. 4. 1965 mit 602 Stück zwei- bzw. dreijährigen Metasequoien im 1,7×1,7 m-Verband auf Lücke. Die Höhenmessungen ergaben zur Zeit der Lieferung einen Gesamtdurchschnitt von 81,9 cm. Alle Pflanzen wurden mit Ballen geliefert, die in Jutesäcken eingebunden waren. Es kamen aber nur $^2/_3$ der Metasequoien mit Ballen zur Pflanzung, während das übrige Drittel wurzelnackt gesetzt wurde. Damit sollte der nicht auswertbare Pflanzungsversuch von der Fläche Herdringen/Hackenberg wiederholt werden.

2. *Versuchsergebnisse*

Es ist selbstverständlich, daß heute, gegen Ende des 2. Versuchsjahres, noch keine umfangreichen und erst recht keine abschließenden Ergebnisse von diesem Versuch erwartet werden können. Die Pflanzen befinden sich bis jetzt noch in der kritischen Anwuchs- und Anpassungsperiode, die nach unseren bisherigen Beobachtungen mit allmählich nachlassender Empfindlichkeit mindestens 2 Jahre andauert. Zudem wird sich speziell bei dieser Kultur in den ersten Jahren nach der Pflanzung die erhebliche Konkurrenz des dichten Graswurzelfilzes wachstumshemmend auswirken.
Wie erwartet, waren daher die durchschnittlichen Wuchsleistungen, die im Jahre 1965 13,06 cm und im Jahre 1966 9,66 cm betrugen, relativ gering. Die Ausfälle beliefen sich in den beiden Jahren auf 6,8%. Dazu muß aber gesagt werden, daß 1,2% dieser Verluste offensichtlich auf Überdüngung mit Kalkstickstoff zurückgehen. (Ein Düngeversuch, der noch nicht ausgewertet werden kann, wurde bei 100 Pflanzen vorgenommen.) Weiterhin wurden 0,8% der Pflanzen beim Freischneiden (Grasschnitt) versehentlich abgemäht. Als normale Ausfälle sind also nur noch 4,8% zu werten. Dieser Wert ist relativ gering. Er liegt z. B. unter der durchschnittlichen Verlustquote von vergleichbaren Lärchen-Kulturen.
Die Ausfallursachen sind nicht immer eindeutig festzustellen. Dem Anschein nach sind verschiedene angefressene Pflanzen durch Mäusefraß eingegangen. Die ganze Versuchsfläche war nämlich Ende 1966 außerordentlich stark von Mäusen befallen, deren Gänge sich vorwiegend unter den durch Freischnitt entstandenen trockenen Graswülsten befanden. Infolgedessen wurde die Kulturfläche am 22. 12. 1966 intensiv mit Toxaphen begiftet.
Wenn auch um weitere Ergebnisse zu erhalten, die künftige Entwicklung der Kultur abgewartet werden muß, so treten doch bereits jetzt folgende Tatsachen sehr deutlich in Erscheinung, bzw. sie werden erneut bestätigt:
1. Der Einsatz von 2- bis 3jährigen Pflanzen bietet die beste Voraussetzung für das Anwachsen der Kulturen.
2. Unterschiede zwischen den wurzelnackt und mit Ballen gesetzten Pflanzen sind sowohl hinsichtlich der Ausfälle als auch der Wuchsleistungen nicht aufgetreten. Damit wird das Ergebnis, das wir bereits auf der Fläche Herdringen/Hackenberg für einjährige Pflanzen erhalten hatten, auch für zwei- bis dreijährige Metasequoien bestätigt.
3. Als tiefste Wintertemperatur im Jahre 1966 wurden auf der Fläche —28°C gemessen. Diese tiefen Temperaturen wurden von allen Versuchspflanzen ohne Schädigungen ertragen. Das bestätigt unsere bisherigen Beobachtungen über die Winterhärte der *Metasequoia*.
4. Auch diese Kultur hat erneut die Anfälligkeit der *Metasequoia* gegen Mäusefraß gezeigt.

IV. Zusammenfassung der Ergebnisse

Die vorliegenden Ergebnisse wurden ab 1958 an Hand von verschiedenen Versuchskulturen mit insgesamt 5954 Versuchspflanzen im Raum Westfalen gewonnen:

1. Ein erfolgreicher forstlicher Anbau der *Metasequoia* ist nur mit Berücksichtigung entsprechender Standortverhältnisse in unserem Gebiet möglich.
2. Die *Metasequoia* hat zwar eine große ökologische Amplitude, ist aber zur Zeit der Anwuchsperiode und im Jugendstadium gegenüber ungünstigen Standortbedingungen sehr empfindlich. Hat sie dagegen Höhen von 1,50 bis 2,00 m erreicht, verliert sich diese Empfindlichkeit.
3. Insbesondere für den Jungbestand wichtige Standortbedingungen sind ausgeglichenes Lokalklima mit geringer potentieller Evaporation sowie optimale Feuchtigkeitsverhältnisse, wobei hohe Luftfeuchtigkeit zur Einschränkung der Transpiration eine wesentliche Rolle spielt.
4. Die *Metasequoia* ist zwar winterhart, aber infolge ihres frühen Austriebes in unserem atlantisch-subatlantischen Klimagebiet in gewissem Umfang spätfrostgefährdet. Deshalb sind Lagen mit starker Spätfrostgefahr oder vorzeitiger Erwärmung für Forstkulturen weniger geeignet.
5. Auf Grund der erwähnten klimatischen Ansprüche eignen sich im Bergland besonders sonnenabseitige Hänge (ausgeglicheneres Lokalklima, höhere Feuchtigkeitsverhältnisse, eingeschränkte Transpiration und Verzögerung des Nadelaustriebs) und Talgründe mit geringer Spätfrostgefahr. Entsprechende Standorte in der Ebene sind geschützte, aber nicht frühzeitig erwärmte, frische bis feuchte Lagen.
6. In ungünstigen lokalklimatischen Lagen bieten Unterschirmpflanzungen einen wesentlichen Vorteil, jedoch sind solche Kulturen auf flachgründigen Böden aus Gründen des höheren Wasserverbrauchs während ausgesprochener Trockenperioden gefährdet.
7. Hinsichtlich der verschiedenen Bodenarten hat die *Metasequoia* eine relativ große ökologische Amplitude. Sie läßt sich sowohl auf Lehmböden mit neutraler Reaktion wie auf podsolierten und sauren Grobsandböden mit allen Zwischenstufen anbauen. Im Hinblick auf die Feuchtigkeitsverhältnisse ist eine Vorliebe für frische bis feuchte Böden festzustellen. Das extreme Trockenjahr 1959 hat aber gezeigt, daß die *Metasequoia* dennoch eine beachtenswerte Dürreresistenz aufzuweisen hat.
8. Die bekannte Schnellwüchsigkeit zeigt sich auch in der Forstkultur. Sie tritt aber erst im Anschluß an die Anwuchs- und Anpassungsperiode, einige Jahre nach der Verpflanzung, in Erscheinung. Jährliche Wuchsleistungen, die über 1 m hinausgehen, sind dann keine Seltenheit.
9. Hinsichtlich des Verpflanzungsalters haben sich zwei- bis dreijährige Stecklingspflanzen als vorteilhaft herausgestellt. Einjährige Pflanzen können in günstigen Vegetationsjahren durchaus zum Erfolg führen, sind aber Krisen- und Extremjahren nicht gewachsen. (Die hohen Verluste bei unseren Pflanzungen sind größtenteils auf die Verwendung von einjährigen Pflanzen zurückzuführen. Andererseits war aber der Einsatz von einjährigen Pflanzen für unsere Standortversuche vorteilhaft, weil sie sich als besonders empfindliche Indikatoren herausstellten.)
10. Bewurzelte Stecklingspflanzen können zumindest bis zum Alter von 3 Jahren sowohl wurzelnackt als auch mit Wurzelballen verpflanzt werden, ohne daß sich wesentliche Anwuchsunterschiede ergeben.
11. Gemischt mit der Fichte zeigt die *Metasequoia* im Jungbestand gute Wuchsleistungen (wahrscheinlich positiver Einfluß des Seitenschutzes). Für die Folge muß aber eine Behinderung durch Fichten-Seitendruck befürchtet werden.

12. Tierisch oder pflanzlich bedingte Schädigungen der Kulturen mit größeren Verlusten wurden in Form von Ringelungsfraß durch Mäuse an der Stammbasis oder durch Pilzbefall verursacht. Die bisher gerühmte Pilzresistenz der *Metasequoia* können wir nicht bestätigen.

13. Für einen Nadelbaum ungewöhnlich ist die hervorragende Regenerationsfähigkeit der *Metasequoia* nach Schädigungen. In dieser Eigenschaft gleicht sie unseren regenerationsfähigsten Laubbäumen. Selbst nach Totalverlust des Sproßsystems regeneriert die Pflanze durch Stockausschlag aus dem Wurzelhals.

V. Literaturverzeichnis

Anliker, J., 1949, *Metasequoia glyptostroboides*, eine bedeutsame Entdeckung. Schweiz. Beitr. z. Dendrolog., Zürich 1 (33).

Arnold, C. A., und J. S. Lowther, 1955, A new Cretaceous conifer from northern Alaska. Amer. Jour. Bot. 42 (522–528).

Boerner, F., 1955, Die Entdeckung der *Metasequoia glyptostroboides*, fast ein Roman. Pflanze und Garten 12 (326–328).

Carpentier, A., 1950, Un fossile vivant, le *Metasequoia*. Bull. Soc. Bot. Nord France, Lille 3 (10–13).

Chaney, R. W., 1948, Redwoods in China. Natural History, New York 57 (440–444).

Chaney, R. W., 1948, Redwoods of the Past. Save-the-Redwoods League, University of California, Berkeley.

Chaney, R. W., 1949, Redwoods, occidental and oriental. Science, New York, 110 (551/552).

Chaney, R. W., 1950, Paleobotany. Year Book Carn. Inst. Wash. 49 (114–116), Washington.

Chaney, R. W., 1951, A revision of fossil *Sequoia* and *Taxodium* in western North America based on recent discovery of *Metasequoia*. Trans. Amer. Philos. Soc. N. S. 40,3 (171–239).

Cheng, W. C., 1949, Some new trees from the *Metasequoia*-region, southwest Hupeh. Sci. Techn. China, Nanking 2 (35/36).

Cheng, W. C., und K. Chu, 1949, Forest vegetation in Shui-hsa-pa, Lichwanhsien Hupeh. Sci. Schanghai 31 (73–80).

Chu, K., und W. S. Cooper, 1950, An ecological reconnaissance in the native home of *Metasequoia glyptostroboides*. Ecology 31 (260–278), Lancaster.

Dieterich, H., 1955, Der Nutzwert des Holzes der *Metasequoia*. Holzzentralbl. 104 (1237).

Dieterich, H., 1955/56, *Metasequoia glyptostroboides*. Mitt. Deutsch. Dendrol. Ges. 59 (29–33).

Florin, R., 1952, On *Metasequoia*, living and fossil. Botaniska Notiser H 1, Lund.

Gaussen, H., 1950, Les gymnospermes, actuelles et fossiles. Les Coniferes, 1. Partie. Trav. Labor. Forest. Toulouse T. II, Sect. 1,1. Toulouse.

Greguss, P., 1950, Xylotomische Untersuchungen einiger seltener Koniferen-Gattungen. Ann. Biol. Univ. Szeged 1.

Greguss, P., 1955, Xylotomische Bestimmung der heute lebenden Gymnospermen. Akademia Kiado, Budapest.

Gutesvisch, S. A., 1960, *Metasequoia* and its fungal stimuli; fungi novi et rari in *Metasequoia* (russisch mit englischer Zusammenfassung). Yalta. Gosud Nikitsk. Bot. Sad. Trudy 32 (115–139).

Hara, H., 1950, Seedlings of *Metasequoia glyptostroboides*. Journ. Japan. Bot. Tokio 25 (1–32).

Hasegawa, K., 1951, Propagation of *Metasequoia glyptostroboides* by cuttings. Japan. Journ. Forestry, 33 Tokio.

Hida, M., 1953, The affinity of *Metasequoia* in other conifers as shown by the form of the tracheids. Bot. Mag. Tokio 66 (783/784).

Hochkeppel, L., 1958, Über die Anatomie von *Metasequoia glyptostroboides*. Mskr. Botan. Inst. d. Westf. Wilhelms-Univ. Münster.

Hsueh, J. C., 1947, The Big Tree in China. Sci. World 16 (339).

Hu, H. H., 1946, Notes of a Palaeogene species of *Metasequoia* in China. Bull. Geol. Soc. China, Nanking 26 (105–107).

Hu, H. H., 1947, *Sequoia* of the Western United States of Ameria and shui-hsa of Wanhsien. Kwan Tsah Schanghai 2 (10/11).

Hu, H. H., 1948, How *Metasequoia*, the »Living Fossil«, was discovered in China. Journ. New York Bot. Gard. New York 49 (201–207).

Hu, H. H., 1950, *Metasequoia* and its history. Bot. Mag. China 5, Peking.

Hu, H. H., 1951, We have a living fossil 100 Million years of age: *Metasequoia*. Progressive Youth, Peking.

Hu, H. H., und W. C. Cheng, 1948, On the new family *Metasequoiacea* and on *Metasequoia glyptostroboides*, a living species of the genus *Metasequoia* found in Szechuan and Hupeh. Bull. Fan. Mem. Inst. Biol. N. S. Peking 1,2 (153–161).

Janchen, E., 1950, Das System der Coniferen. Sitz. Ber. Österr. Akad. Wiss. Wien I 158 (155–262).

Joh-Han Li, J., 1948, Anatomical study of the wood of »Shui-Sha« (*Metasequoia glyptostroboides* Hu et Cheng). Tropical Woods 94.

Kan, T., W. Y. Hao und C. T. Hwa, 1948, The full stem analysis of *Metasequoia glyptostroboides*. Res. Not. Forst. Inst. Nat. Centr., Forest. Managem Nanking 1 (1–8).

Kemp, E. E., 1948, The propagation of *Metasequoia* by cuttings. Journ. R. Hort. Soc. London 73, 10 (334/335).

Kimura, Y., 1950, *Metasequoia*. Collecting and Breeding 12, 4 Tokio.

Kobendza, R., 1951, *Metasequoia glyptostroboides*, nouveau genre et éspèce dans la famille de *Taxodiaceae*. Ann. Sect. Dendrol. Soc. Pologne 7 (175–177), Warschau.

Koch, H. G., 1958, Der Holzzuwachs der Waldbäume in verschiedenen Höhenlagen Thüringens in Abhängigkeit von Niederschlag und Temperatur. Arch. Forstwes. 7 (27–49).

Kort, A., 1950, Le *Metasequoia glyptostroboides*. Bull. Soc. Centr. Forest. Belge 57, 7, Brüssel (270–272).

Koshijima, T., 1954, Studies on pulping of *Metasequoia glyptostroboides* (englische Zusammenfassung). Wood Res., Bull. Wood Res. Inst. Kyoto 13 (150–156).

Kräusel, R., 1949, *Metasequoia*, ein lebendes Fossil unter den Nadelbäumen. Natur und Volk, 79 H 9/10 (234–237).

Lenoir, R., 1956, Informations diverses au sujet de *Metasequoia glyptostroboides*. Bull. Soc. Roy. For. Belg. 63, 10 (434–437), Brüssel.

Li, J. Y., 1948, Anatomical study of the wood of »shui-hsa« a newly discovered tree, *Metasequoia glyptostroboides* Hu et Cheng. Techn. Bull. Nat. Forest. Res. Bureau Minist. Agric. Forest. China 5 (1–4), Nanking.

Li, H. L., 1957, The discovery and cultivation of *Metasequoia*. Bull. Morris Arb. 8 (49–53).

Li, H. L., 1964, *Metasequoia*, a living fossil. Amer. Scient. 52 (93–109).

Liang, H., K. Y. Chow und C. N. Au, 1948, Properties of a »living fossil« wood (*Metasequoia glyptostroboides* Hu et Cheng). Res. Nat. Forest. Inst. Nat. Centr. Univ. Wood. Techn. 1 (1–4), Nanking.

Maacz, G. J., 1955, Holzanalytische Untersuchungen bezüglich *Metasequoia glyptostroboides* Hu et Cheng. Acta biol. Szeged 1 (36–40).

Martin, E. J., 1957, Die Sequoien und ihre Anzucht. Mitt. Dtsche. Dendrolog. Ges. 60.

Merill, E. D., 1948, A living *Metasequoia* in China. Science 107, New York.

Merill, E. D., 1948, New botanical marvel found in China and seeds of ancient tree to unfold epic in Botany. Christian Sci. Monitor, Boston.

Merill, E. D., 1948, *Metasequoia*, another »living fossil«. Arnoldia Jamaica Plain Mass. 8 (1–8).

Merill, E. D., 1948, *Metasequoia* a living relict of a fossil genus. Journ. R. Hort. Soc. London 73,7 (211–216).

Merill, E. D., und R. W. Chaney, 1949, *Metasequoia* research from the standpoint of both Botany and Palaeobotany. Year Book Amer. Phil. Soc. Philadelphia (150/151).

Miki, S., 1941, On the change of flora in eastern Asia since the Tertiary period I. Japan. Journ. Bot. 11 (237–303).

Miki, S., 1948, *Metasequoia* a »living fossil«. Bot. Mag. Tokio 61 (721–726).

Miki, S., 1949, On *Metasequoia*, with special reference to the discovery of living species. Seibutu, Sapporo Japan 4,4 (146–149).

Miki, S., 1950, The latest biological accounts of *Metasequoia*. Soc. Preserv. Metasequoia Osaka, Japan.

Miki, S., 1950, *Taxodiaceae* in Japan, with special reference to its remains. Journ. Inst. Polytechn. Osaka City Univ., Osaka 1 (63–77).

Miki, S., 1951, Discoverey of *Metasequoia*. Kagaku-Asahi, Tokio 11,2.

Mizukami, T., und U. Saiki, 1959, New disease of *Metasequoia glyptostroboides* Hu et Cheng caused by *Pestalotia* sp. (englische Zusammenfassung). Saga Univ. Agr. Bull. 9 (91–95).

Palm, B., 1952, A die-back disease of *Metasequoia*. Bot. Notiser 441.

Pam, A., 1950, The vegetative reproduction of *Metasequoia glyptostroboides*. Journ. Royal Horticult. Soc. LXXV, 9 (359), London.

Rol, R., 1949, Un nouveau fossil vivant: Le *Metasequoia glyptostroboides*. Rev. Forest. Franc. 1,1 (5/6), Nancy.

Schönfeld, E., 1955, *Metasequoia* in der westdeutschen Braunkohle. Senk. Leth. 5/6, Bd. 36.

Sipkes, C., 1950, *Metasequoia glyptostroboides* (Watercypres). De Bloomkwekerij, Hertogenbosch 5 (202).

Skinner, H. T., 1949, *Metasequoia* in its second year. Morris Arbor. Bull. Philadelphia 4,11 (94).

Stearn, W. T., 1948, Discovery of a living *Metasequoia* in China. Nature London 161 (594).

Turcek, F. J., 1962, Beschädigung von *Metasequoia glyptostroboides* durch die Feldmaus (*Microtus arvalis*). Zentralblatt für Forstpflanzen und Forstkulturen 1, Strassenhaus (Westerw.).

Venema, H. J., 1949, *Metasequoia*, een levend fossiel. De Bloomkwekerij Hertogenbosch 4 (497).

Wyman, D., 1951, *Metasequoia* brought up to date. Arnoldia Jamaica Plain, Mass. 11 (25–28).

Forschungsberichte des Landes Nordrhein-Westfalen

Herausgegeben im Auftrage des Ministerpräsidenten Heinz Kühn
von Staatssekretär Professor Dr. h. c. Dr. E. h. Leo Brandt

Sachgruppenverzeichnis

Acetylen · Schweißtechnik

Acetylene · Welding gracitice
Acétylène · Technique du soudage
Acetileno · Técnica de la soldadura
Ацетилен и техника сварки

Arbeitswissenschaft

Labor science
Science du travail
Trabajo científico
Вопросы трудового процесса

Bau · Steine · Erden

Constructure · Construction material · Soil research
Construction · Matériaux de construction · Recherche souterraine
La construcción · Materiales de construcción · Reconocimiento del suelo
Строительство и строительные материалы

Bergbau

Mining
Exploitation des mines
Minería
Горное дело

Biologie

Biology
Biologie
Biologia
Биология

Chemie

Chemistry
Chimie
Quimica
Химия

Druck · Farbe · Papier · Photographie

Printing · Color · Paper · Photography
Imprimerie · Couleur · Papier · Photographie
Artes gráficas · Color · Papel · Fotografía
Типография · Краски · Бумага · Фотография

Eisenverarbeitende Industrie

Metal working industry
Industrie du fer
Industria del hierro
Металлообработывающая промышленность

Elektrotechnik · Optik

Electrotechnology · Optics
Electrotechnique · Optique
Electrotécnica · Optica
Электротехника и оптика

Energiewirtschaft

Power economy
Energie
Energía
Энергетическое хозяиство

Fahrzeugbau · Gasmotoren

Vehicle construction · Engines
Construction de véhicules · Moteurs
Construcción de vehículos · Motores
Производство транспортных · Средств

Fertigung

Fabrication
Fabrication
Fabricación
Производство

Funktechnik · Astronomie

Radio engineering · Astronomy
Radiotechnique · Astronomie
Radiotécnica · Astronomía
Радиотехника и астрономия

Gaswirtschaft
Gas economy
Gaz
Gas
Газовое хозяйство

Holzbearbeitung
Wood working
Travail du bois
Trabajo de la madera
Деревообработка

Hüttenwesen · Werkstoffkunde
Metallurgy · Materials research
Métallurgie · Materiaux
Metalurgia · Materiales
Металлургия и материаловедение

Kunststoffe
Plastics
Plastiques
Plásticos
Пластмассы

Luftfahrt · Flugwissenschaft
Aeronautics · Aviation
Aéronautique · Aviation
Aeronáutica · Aviación
Авиация

Luftreinhaltung
Air-cleaning
Purification de l'air
Purificación del aire
Очищение воздуха

Maschinenbau
Machinery
Construction mécanique
Construcción de máquinas
Машиностроительство

Mathematik
Mathematics
Mathématiques
Mathemáticas
Математика

Medizin · Pharmakologie
Medicine · Pharmacology
Médecine · Pharmacologie
Medicina · Farmacología
Медицина и фармакология

NE-Metalle
Non-ferrous meta
Metal non ferreux
Metal no ferroso
Цветные металлы

Physik
Physics
Physique
Física
Физика

Rationalisierung
Rationalizing
Rationalisation
Racionalización
Рационализация

Schall · Ultraschall
Sound · Ultrasonics
Son · Ultra-son
Sonido · Ultrasónico
Звук и ультразвук

Schiffahrt
Navigation
Navigation
Navegacion
Судоходство

Textilforschung
Textile research
Textiles
Textil
Вопросы текстильной промышленности

Turbinen
Turbines
Turbines
Turbinas
Турбины

Verkehr
Traffic
Trafic
Tráfico
Транспорт

Wirtschaftswissenschaften
Political economy
Economie politique
Ciencias económicas
Экономические науки

Einzelverzeichnis der Sachgruppen bitte anfordern

Westdeutscher Verlag · Köln und Opladen
567 Opladen/Rhld., Ophovener Straße 1–3, Postfach 1620

GPSR Compliance
The European Union's (EU) General Product Safety Regulation (GPSR) is a set of rules that requires consumer products to be safe and our obligations to ensure this.

If you have any concerns about our products, you can contact us on

ProductSafety@springernature.com

In case Publisher is established outside the EU, the EU authorized representative is:

Springer Nature Customer Service Center GmbH
Europaplatz 3
69115 Heidelberg, Germany

www.ingramcontent.com/pod-product-compliance
Ingram Content Group UK Ltd.
Pitfield, Milton Keynes, MK11 3LW, UK
UKHW061658190726
13853UKWH00008B/2285
9783663063155